SCHMIERMITTEL
UND IHRE RICHTIGE VERWENDUNG

EIN HILFSBUCH
BEI DER AUSWAHL UND BEURTEILUNG
EINES GEEIGNETEN SCHMIERMITTELS FÜR
MASCHINENBESITZER, BETRIEBSLEITER,
EINKÄUFER UND ÖLHÄNDLER

VON

DR. CURT EHLERS
HAMBURG

MIT 4 DIAGRAMMEN IM TEXT

Springer-Verlag Berlin Heidelberg GmbH

1928

ISBN 978-3-662-33459-1   ISBN 978-3-662-33857-5 (eBook)
DOI 10.1007/978-3-662-33857-5

Copyright 1928 by Springer-Verlag Berlin Heidelberg
Ursprünglich erschienen bei Otto Spamer, Leipzig 1928.
Softcover reprint of the hardcover 1st edition 1928

Vorwort.

Als Betriebsleiter eines Hamburger Mineralölwerkes hatte ich oft Gelegenheit, sowohl mit Verbrauchern als auch den eigenen Vertretern über Schmieröl zu sprechen. Es herrschen, wie ich feststellen konnte, vielfach ganz falsche Vorstellungen über Herkunft, Verarbeitung und Verwendung der einzelnen Öle. Für viele Leute ist Öl eben Öl, und man glaubt, mit einer einzigen Sorte alles schmieren zu können. Man macht vielleicht einen Unterschied zwischen Zylinder-, Maschinen- und Spindelöl, aber damit ist auch die Wissenschaft erschöpft. Man kauft dann nach einer Preisliste das billigste Öl und bedenkt nicht, daß man sich vielleicht durch Verwendung einer besseren und teureren Sorte viele Unkosten ersparen würde. Natürlich ist es verkehrt, für untergeordnete Schmierstellen die teuersten Öle zu verwenden, wo billigere genügen würden.

Die vorteilhafteste, richtige Schmierung will das Büchlein zeigen. Der Fabrikant, der Betriebsleiter, der Einkäufer für eine Fabrik sowie der Ölhändler müssen etwas vom Öl verstehen, sie müssen wissen, worauf es bei den einzelnen Sorten ankommt und welche Eigenschaften vernachlässigt werden dürfen. Sie müssen wissen, daß blendende Analysenzahlen täuschen können und oft täuschen sollen.

Welche Bedingungen ein Öl für eine gegebene Maschine, die unter bestimmten Verhältnissen arbeitet, erfüllen soll, sei im folgenden besprochen. Es sollen hier keine Vorschriften zur Anfertigung einer Analyse gegeben werden. Diese Methoden sind in den bekannten Büchern, wie *Holde*, Untersuchung der Kohlenwasserstofföle und Fette, oder *Ascher*, Schmiermittel, und anderen angegeben; hier sollen unter Verwendung von Analysendaten die für bestimmte Zwecke geeigneten Öle charakterisiert werden.

In der Hauptsache werden die Mineralöle, soweit sie als Schmiermittel dienen, besprochen, sowohl in reinem Zustande als auch in Mischung mit anderen Substanzen, wie fetten Ölen, Graphit u. dgl. Anhangsweise werden auch diese letzteren abgehandelt. Die Schmiermittel ohne Öl sollen nicht besprochen werden, z. B. Laugen, wie sie bei der Chlorat-Herstellung verwendet werden müssen, und ähnliches.

Dr. Ehlers.

Inhaltsverzeichnis.

Allgemeines über Mineralschmieröle.

Wenn man sich mit der praktischen Verwendung eines Stoffes befassen will, so ist es unumgänglich nötig, auch zu wissen, wie er entsteht oder gewonnen wird. Durch diese Kenntnis wird man mit dem Stoffe vertraut gemacht und weiß dann, was er zu leisten oder zu bieten vermag.

Bevor man auf die Spezialeigenschaften der Schmieröle eingeht, muß man wenigstens ganz kurz Gewinnung und Herstellung derselben kennenlernen. Die Hauptmenge der Schmieröle wird nicht dem Tier- oder Pflanzenreich entnommen, sondern ist mineralischen Ursprungs. Die aus dem Erdöl oder Rohpetroleum gewonnenen Sorten nehmen den ersten Platz ein, während die aus Teer oder Braunkohle hergestellten weniger Bedeutung haben. Aus diesem Grunde ist am ausführlichsten auf die Produkte aus Erdöl eingegangen, die zuerst behandelt werden.

Schmieröl aus Erdöl.

Das Schmieröl wird aus dem Rohpetroleum gewonnen, wie es in der Erde vorhanden ist. Es wird in allen fünf Erdteilen gefunden und gefördert. Man trifft es in lockeren Gesteinen an, die es durchtränkt und deren Hohlräume es ausfüllt.

Die ursprüngliche Gewinnungsweise ist naturgemäß der Grubenbau, bei dem man das auf dem Grundwasserspiegel schwimmende Öl gewinnt. Heute werden die Erdöllagerstätten vorwiegend durch Niederbringen eines Bohrloches, auch Sonde genannt, aufgeschlossen, das mit Röhren ausgekleidet ist, um ein Nachrutschen der seitlichen Gesteinsmassen und Wassereinbrüche zu verhindern. Von den Bohrtürmen wird nach verschiedenen Verfahren ein Loch senkrecht in die Erde getrieben, und aus diesem wird das Öl herausgebracht.

Manchmal tritt das Erdöl unter dem Druck der vorhandenen Gase aus der Sonde allein heraus, oft fließt es in dauerndem Strome langsam, oder aber es spritzt wie eine Fontäne hoch, meist muß es herausgefördert werden. Eine kleine Menge Öl wird im Schacht- und Stollenbau gewonnen, eine Methode, der neuerdings eine erhöhte Bedeutung zuzukommen scheint.

Das auf die eine oder andere Weise gewonnene Rohöl wird in Reservoire gepumpt, wo es von dem stets vorhandenen Wasser, Schlamm und anderen mechanischen Verunreinigungen durch Absetzenlassen befreit wird. Dann wird es mit Kesselwagen oder durch Rohrleitungen (Pipelines) in die Raffinerien gebracht, wo es weiterverarbeitet wird.

Auch aus Ölschiefern wird Öl gewonnen. Es ist hier aber in der Regel gar nicht in Form von Öl vorhanden, das man mit Lösungsmitteln ausziehen könnte, sondern die organischen Stoffe in diesen Schiefern werden erst durch die Erhitzung bei der Destillation in den flüssigen oder gasförmigen Zustand übergeführt.

Die Entstehung des Erdöles.

Mit der Frage über den Ursprung und die Entstehung des Erdöles haben sich viele Forscher beschäftigt, sowohl Chemiker als auch Geologen. Nach dem Ausgangsmaterial sind zweierlei Entstehungstheorien zu unterscheiden, die anorganische und die organische, wobei unter letzterer verstanden werden soll, daß das Ausgangsmaterial pflanzlichen oder tierischen Ursprungs ist. Der Streit darüber, welche der beiden Theorien die richtige ist, ist heute noch nicht abgeschlossen, und es werden, wie so oft, beide Parteien recht haben, so daß das Erdöl animalischen und pflanzlichen, aber auch anorganischen Ursprungs sein kann.

Für die organische Entstehungsart sind viele Beweise erbracht worden. Namentlich *Engler* (Ber. deutsch. chem. Ges. XXII. 1816 und XXXIII. 7) erblickt, gestützt auf seine experimentellen Arbeiten, das wichtigste Rohmaterial für die Erdölbildung in den Fettstoffen untergegangener tierischer Lebewesen, die sich in den früheren geologischen Epochen angesammelt haben und durch Druck allmählichen Veränderungen unterworfen sind. *Höfer* und *Heimhalt* (Petr. 19. 1923) weisen darauf hin, daß diese Reste bald nach der Anhäufung von der Luft abgeschlossen werden müßten, damit keine Verwesung eintritt, bei der sich nur Gase bilden. *Krämer* und *Spilker* (Ber. deutsch. chem. Ges. XXXII, 2941 und XXXV, 1212) erblicken im Erdöl ein Produkt, das sich aus Algenwachs gebildet hat, welches sich durch Wucherung wachserzeugender Algen massenhaft im Meeresgrund ablagert. Im Laboratorium kann man Öle, die Erdölkohlenwasserstoffen ähnlich sind, durch Erhitzen von Fetten und Leiten der entstehenden Dämpfe über Katalysatoren und nachfolgendes Hydrieren erhalten (*Mailhe*, Chem. Abstr. 15, 21. 1921). Es bilden sich je nach der angewandten Temperatur leichte oder schwere Öle. Ähnlich arbeiteten *Marcusson* und *Bauerschäfer* (Chem.-Ztg. 1025. 1925) und schlossen aus ihren Versuchen, daß die Bildung der natürlichen Erdöle bei weit niedrigerer Temperatur als ihre und *Mailhes* Versuchstemperatur von 550—560° C vor sich ginge, und daß sich primär schwere Kohlenwasserstoffe bilden, aus denen dann wieder durch Spaltung leichtere entstehen.

Als Stütze für die organische Entstehungstheorie wird die Tatsache angesehen, daß manche Erdöle nicht unbedeutend die Ebene des polarisierten Lichtes drehen, was fast nur bei Körpern, die auf organische Weise entstanden sind, vorkommen kann.

Mendelejeff vertritt den Standpunkt, daß das Erdöl auf anorganische Weise, und zwar aus Metallcarbiden durch Einwirkung von Wasser, entstanden ist. In neuerer Zeit tritt die Theorie der anorganischen Entstehungsweise wieder mehr in den Vordergrund. So verficht *Sommers* (Oil and Gas Journ. 1921) die Anschauung, daß das Erdöl aus dem Innern der Erde herausdestilliert, und *Pyhälä* setzt das Erdölvorkommen mit unterirdischer, sozusagen gehemmter, vulkanischer Tätigkeit in Verbindung. Bei gewöhnlichen vulkanischen Ausbrüchen werden Gase und Erdöl oxydiert, während es hier nicht zum offenen Ausbruch kommt. Vulkane finden sich ja nicht nur im Faltengebirge, sondern ebensogut auch in Tafelländern. Wenn man dies in Betracht zieht, kann man sich vorstellen, daß Erdölfelder zu den Wirkungskreisen weiter entfernt, tief unterirdisch liegender Vulkane gehören könnten. Nach demselben Autor kann Erdöl allerdings auch auf organische Weise aus Pflanzen und Tieren entstehen; das so gebildete Öl ist aber nur als akzessorischer Gemengteil anzusehen.

Wenn man bedenkt, welche ungeheuren Mengen Erdöl sich in manchen Gebieten vorfinden, so spricht gerade diese Tatsache gegen die Bildung aus Tierkörpern. Man kann sich wohl Pflanzenmassen vorstellen, die z. B. Kohle bilden, aber nicht zusammengeschlemmte Tierkörper, die sofort von der Luft abgeschlossen werden müßten. Berücksichtigt man außerdem die Versuche von *Franz Fischer*, der mit Hilfe von Kontaktsubstanzen Mineralöle vom leichten Benzin bis zum Paraffin aus dem anorganischen Kohlenoxyd herstellt, so kommt man zu dem Ergebnis, daß die abbauwürdigen Erdölmengen auf anorganische Weise entstanden sein müssen.

Die Verarbeitung der Rohöle.

In den einzelnen Ländern ist die Herstellung von marktfähiger Ware aus Rohpetroleum verschieden, da sie in erster Linie von der chemischen Beschaffenheit des jeweiligen Rohöles abhängig ist. Auch auf die Marktlage der zu erzeugenden Produkte muß Rücksicht genommen werden, auf Wünsche der Konsumenten u. dgl. Man wird nur die Stoffe produzieren, die rentabel sind. Der Techniker in der Erdölindustrie muß mit vielen Faktoren rechnen und sich den wechselnden Anforderungen anpassen. Es kann daher hier keine vollständige Beschreibung der Herstellung der Mineralöle aus dem Rohpetroleum gegeben werden, sondern in großen Zügen nur ganz allgemeine Angaben. Wer sich näher unterrichten will, sei auf das Handbuch „Das Erdöl" von *Engler-Höfer* verwiesen.

1*

Das geförderte Rohpetroleum ist kein chemisches Individuum, sondern ein Gemenge zahlreicher Verbindungen, hauptsächlich verschiedener Kohlenwasserstoffe. Es ist meist braun bis schwarz gefärbt und wechselt je nach dem Gewinnungsort Konsistenz, Farbe und chemische Zusammensetzung. Um das Gemisch zu zerlegen, wird es der Destillation unterworfen. Erhitzt man ein Rohöl, so bilden sich zunächst vorwiegend Dämpfe der leicht flüchtigen Körper, denen sich bei weiterer Erhitzung immer mehr Dämpfe der schwerer siedenden Anteile beimischen. Der Siedepunkt steigt also während der Destillation, und das Destillat wird daher immer reicher an Stoffen mit höherem Siedepunkt. Man hat so ein Mittel in der Hand, das Gemisch einigermaßen zu trennen, indem man die Dämpfe abkühlt und die Destillate verschiedener Siedegrenzen gesondert auffängt.

So siedet bei Roherdöl zunächst Petroläther. Ihm folgen bis etwa 150° C mit höherem Siedepunkt und steigendem spezifischen Gewicht die als Rohbenzin zusammengefaßten Fraktionen Gasolin, Benzin, Ligroin, Putzöl, dann bis etwa 300° C das Rohbrennpetroleum, welches das Ausgangsmaterial für das Leuchtöl darstellt. Der verbleibende Rückstand enthält die für das Schmieröl geeigneten Bestandteile. Zur Herstellung guter Schmieröle müssen besondere Verfahren angewandt werden. Würde man das Erhitzen auf die angegebene einfache Weise weiterführen, so destillieren zwar schwere Öle über, zum Teil spalten sie sich aber durch Überhitzung wieder in spezifisch leichtere Produkte. Das Öl wird also in Verbindungen mit niederem Siedepunkt zerlegt, weil die sich entwickelnden Dämpfe nicht schnell genug entweichen können und sich zersetzen. Aus gesättigten Verbindungen von hoher Molekulargröße, z. B. Paraffin, entstehen meist niedrigere ungesättigte. Die Destillation durch direkte Erhitzung ist demnach unvorteilhaft, wenn man die hochsiedenden Produkte gewinnen will. Diese Arbeitsweise heißt Zersetzungsdestillation oder Crackingprozeß. Man kann also die durch solche Destillation erhaltenen Schmieröle je nach der Destillationstemperatur als mehr oder weniger „gekrackte" Produkte bezeichnen. Da die Erdölkohlenwasserstoffe also beim Erhitzen verschiedene Zersetzungen erleiden, die bei höherer Temperatur zunehmen, so ist man bestrebt, diese möglichst niedrig zu halten.

Dazu sind hauptsächlich folgende Verfahren in Gebrauch:

1. die Destillation mit Wasserdampf,
2. die Destillation unter vermindertem Druck,
3. die Kombination beider.

Bei der Wasserdampfdestillation läßt man Dampf, der meist in überhitztem Zustande angewandt wird, durch einen durchlöcherten Boden in den Destillierkessel eintreten und nun in kleinen Bläschen durch das Öl streichen.

Die Ansichten über die Wirkungsweise des Wasserdampfes sind noch geteilt, der praktische Erfolg ist die Erniedrigung der Destillationstemperatur, was zur Vermeidung von Zersetzungen von großer Wichtigkeit ist. Wir haben somit ein Mittel, Öle bei Temperaturen zu destillieren, die bedeutend unter ihren Siedetemperaturen liegen. Auch werden durch Wasserdampf die schweren Öle vor Überhitzung an den Kesselwänden geschützt, da Dampf die Ölpartikelchen einschließt und mit sich fortreißt.

Das zweite Hilfsmittel, die Destillationstemperatur niedrig zu halten, besteht in der Anwendung verminderten Druckes in dem Siedekessel. Das Sieden einer Flüssigkeit findet bekanntlich bei Verminderung des auf der Oberfläche lastenden Gasdruckes bei niedrigerer Temperatur statt als bei dem Atmosphärendruck von 760 mm. Man kann mithin durch Erzeugung eines möglichst geringen Druckes in dem Destillierkessel die Siedetemperatur bedeutend erniedrigen und dadurch Zersetzungen zwar nicht vollständig, aber zum großen Teil verhüten. Trotzdem enthalten alle destillierten Schmieröle Zersetzungsprodukte der Rückstände in mehr oder minder großer Menge.

Nun hat man die beiden Arbeitsweisen: Destillation mit überhitztem Dampf und Anwendung des Vakuums oder verminderten Druckes kombiniert, genießt also die Vorteile beider Methoden und erzielt sehr gute Destillatöle, aus denen die Schmieröle, alle Maschinenöle und ein Teil der Zylinderöle hergestellt werden.

Die guten pennsylvanischen Zylinderöle mit Flammpunkt über 300° C sind aber keine Destillate, sondern sog. Konzentrate. Es sind also Öle, aus denen die leicht flüchtigen Anteile abdestilliert sind. Die Konzentration wird möglichst weit getrieben und die Temperatur des überhitzten Wasserdampfes auf 400—450° C gesteigert. Zur Gewinnung dieser wertvollen Zylinderölsorten sind allerdings nur Erdöle geeignet, die arm an asphaltartigen Anteilen sind; es kommen daher hierfür nur die pennsylvanischen in Frage. Durch die sog. Konzentration wird sowohl bei Maschinen- wie Zylinderölen der Flammpunkt durch Abdestillieren der leichten Teile erhöht.

Da die Dämpfe beim Destillieren nicht einheitlich zusammengesetzt sind, sondern die flüchtigeren Anteile stets schwerere Öle mitnehmen, also eine übereinandergreifende Destillation vorliegt, kühlt man die Dämpfe in sog. Separatoren stufenweise ab. Zuerst kondensieren sich die am schwersten flüchtigen Anteile und bei weiterer Abkühlung immer leichtere. Durch Einschalten einer beliebigen Anzahl Stufen, von denen man das Öl ableitet, kann man die Zahl der Fraktionen regeln. Diese werden nach Siedegrenzen und spez. Gewicht geordnet und als Destillate des Petroleums, Gas-, Spindel-, Maschinen- und Zylinderöle in den Handel gebracht oder auf weitere wertvollere

Öle verarbeitet. Nur von Benzin und Petroleum befreite Öle bezeichnet man gewöhnlich als Vulkanöle, die z. B. zum Schmieren von Eisenbahnachsen Verwendung finden.

Nach dem Abdestillieren der schwereren Öle bleibt im allgemeinen ein Rückstand, der bei normaler Temperatur fest ist und Petroleumpech genannt wird. Er wird für viele technische Zwecke gebraucht.

Die Destillate bestehen größtenteils aus Kohlenwasserstoffen, neben denen man auch asphalt- und harzartige Stoffe, sauerstoff- und schwefelhaltige Verbindungen, darunter freie Naphthensäure, antrifft, alles Substanzen, die je nach der Fraktion des Öles, seiner Herkunft und Destillationsart in verschiedenen, wenn auch verhältnismäßig geringen Mengen vorkommen. Sie müssen entfernt werden, da sie schädlich sind und die Öle für die meisten Verwendungszwecke ungeeignet machen. Dies geschieht durch die Raffination.

In der Technik nimmt die Raffination mit Schwefelsäure und Alkali den ersten Platz ein. Die Einwirkung ist vom chemischen Standpunkte aus sehr kompliziert und in ihren einzelnen Teilen noch nicht vollständig aufgeklärt. Paraffin- oder Methankohlenwasserstoffe, ferner Naphthene sind gegen Schwefelsäure sehr widerstandsfähig, sie werden höchstens in geringer Menge gelöst. Die aromatischen Kohlenwasserstoffe, von denen die Mehrzahl der Erdöle nur wenig enthält, werden langsam angegriffen und zu Sulfosäuren umgewandelt, dagegen verändern sich die ungesättigten Kohlenwasserstoffe am meisten. Diese letzteren sind es auch, die infolge ihrer Unbeständigkeit und Oxydationsfähigkeit durch den Sauerstoff der Luft das Schmieröl verschlechtern. Auch die für die Schmierung schädlichen asphalt- und harzartigen Stoffe, die den Destillaten die dunkle Farbe geben und bei der Schmierung infolge ihrer Veränderungsfähigkeit ungünstig wirken, werden durch die Schwefelsäure oxydiert und entfernt. Sie nimmt teils die Zersetzungsprodukte auf, die sich mit ihr, da sie schwerer als Öl ist, zu Boden setzen und abgelassen oder herauszentrifugiert werden können, teils verwandelt sie die schädlichen Stoffe in solche, die sich bei der nachfolgenden Behandlung mit Lauge in dieser lösen. Das Öl wird nun mit warmem Wasser wiederholt vorsichtig gewaschen, bis es alkalifrei ist, und dann durch Erwärmen getrocknet. Der Raffinationsverlust ist bei Spindel- und Maschinenölen mit 10—15% anzusetzen, ist aber je nach Art und Herkunft des Öles verschieden.

Durch die Raffination hat das Öl seine Eigenschaften gegenüber den verwendeten Destillaten geändert. Es ist heller und durchsichtig geworden, hat ein niedrigeres spez. Gewicht erhalten, der Flammpunkt hat sich infolge der Entfernung der flüchtigen ungesättigten Zersetzungsprodukte um einige Grade erhöht, die Viscosität ist niedriger geworden, die Teerzahl, die die Anteile an unbeständigen Verbindungen anzeigt, ist herabgedrückt. Als Beispiel seien die entsprechenden Analysenzahlen zweier rumänischer Destillate wiedergegeben:

	Spindelöl		Maschinenöl	
	Destillat	Raffinat	Destillat	Raffinat
Spez. Gew. bei 15° C .	0,931	0,920	0,941	0,926
Flammpunkt i. o. T. .	147° C	152° C	197° C	202° C
Viscosität bei 50° C. .	3,00	2,5	7,8	6,6
Teerzahl	1,9	0,24	2,8	0,23
Hartasphalt %	0,15	—	0,38	—

Eine zweite Art der Raffination ist die durch Adsorption ohne Schwefelsäure und Lauge. Die entfärbende Kraft der Knochenkohle ist schon lange bekannt, ebenso die von feinporösen Erden, wie Fuller-, Floridaerde u. dgl., die sich immer mehr in der Erdölindustrie eingebürgert haben. In Bayern findet man sehr brauchbare Erden, die durch Säurebehandlung „aktiviert" werden. Dadurch, daß einzelne Bestandteile herausgelöst sind, haben die Erden bedeutend an entfärbender Kraft gewonnen. Neuerdings wird in den Vereinigten Staaten von Nordamerika und auch bei uns zur Raffination leichter Öle aus Wasserglas gefällte, gereinigte und dann getrocknete Kieselsäure, sog. Kieselsäure-Gel (Silica-Gel) angewendet, das infolge seiner hohen Porösität und der enorm großen inneren Oberfläche fremde Bestandteile aus den Ölen auf sich niederschlagen kann. Bei allen diesen Adsorptionsmitteln wird die Eigenschaft ausgenutzt, aus Lösungen, namentlich kolloidalen, zu denen die Mineralöle zu rechnen sind, die Stoffe mit hohem Molekulargewicht wie die harzartigen färbenden Bestandteile sowie Schwefelverbindungen herauszuziehen und festzuhalten, ohne daß eine chemische Einwirkung stattfindet. Man behandelt Destillate auf diese Weise, aber auch Raffinate werden einer weiteren zweiten Reinigung unterworfen. Man läßt die Destillate durch eine hohe Schicht Fullererde hindurchtreten, und zwar meist von unten nach oben, und erzielt bei gutem Ausgangsmaterial Öle, die den mit Schwefelsäure behandelten gleichwertig oder überlegen sind. Nach einer anderen Methode wird das Erdpulver in das Öl eingerührt und die Erde, welche die zu entfernenden Substanzen festhält, durch Filterpressen wieder abfiltriert.

Als Beispiel sei ein rumänisches Destillat (Visc. 50:4,5), das allerdings ziemlich ungeeignet für diese Art Raffination ist, angegeben. Es wurde mit Floridaerde durch Einrühren und Abpressen raffiniert.

			Behandelt	
	Unbehandelt	mit 10%	mit 20% Floridaerde	mit 30%
Teerzahl	1,9	1,30	0,93	0,59
Hartasphalt	0,27	0,18	0,10	0,01

Bei Dampfzylinderöl wendet man diese Methode der Raffination mit Erde ebenfalls an und erzielt aus den sonst dunklen Ölen grüne, in dünner Schicht rot durchscheinende Produkte, bei denen asphalt- und harzartige Stoffe entfernt sind. So behandelte Öle heißen im Handel einfach „filtrierte" Zylinderöle, solche, die bei normaler Temperatur flüssig und besonders hell sind, heißen Bright stocks.

Außer diesen Verfahren hat man noch andere Raffinationsmethoden ersonnen, von denen das bekannteste, das auch in der Praxis Eingang gefunden hat, die Behandlung des Mineralöles mit schwefliger Säure nach *Edeleanu* ist. In der Säure lösen sich die ungesättigten und aromatischen Kohlenwasserstoffe auf und können entfernt werden.

Hat man ein paraffinreiches Rohöl verarbeitet, so entzieht man den Raffinaten das Paraffin. Sie werden dadurch kältebeständig, bleiben also bei niedriger Temperatur flüssig. Man kühlt stark ab, um das in ihnen enthaltene Paraffin festwerden und auskrystallisieren zu lassen, filtriert die Paraffinkrystalle ab und unterwirft die entstandenen Kuchen dem Schwitzverfahren. Sie werden zu diesem Zweck eine Zeitlang in geeigneten Apparaten auf eine Temperatur gebracht, bei der das Paraffin noch nicht schmilzt, die öligen und niedrig schmelzenden Anteile aber aus der Krystallmasse heraussickern. Der wieder geschmolzene, mit Raffinationserde behandelte Rückstand kommt als Paraffin in den Handel, wo er nach der Farbe und der Höhe des Schmelzpunktes bewertet wird. Dieses Erdölparaffin hat vor dem aus der Braunkohle hergestellten den Vorzug, daß es sich nicht so schnell dunkler färbt, auch dann nicht, wenn es dem Licht ausgesetzt wird.

Herstellung der Vaseline.

Vaseline ist eine fettähnliche Masse. Sie besteht aus festem und flüssigem Paraffin. Daß Vaseline rein amorph ist und nur das amorphe Protoparaffin im Gegensatz zu dem krystallinischen Pyroparaffin enthält, ist nicht richtig, da auch bei reiner Naturvaseline unter dem Mikroskop im polarisierten Licht kleine Nadeln von Paraffin zu erkennen sind. Im Handel gibt es Vaseline von weißer, gelber bis dunkelgrüner, ja fast schwarzer Farbe, die sich durch verschiedene Raffinationsgrade oder durch die Herstellung unterscheiden. Die amerikanischen, namentlich die östlichen Öle eignen sich zur Vaselinefabrikation besonders gut. Aus einigen polnischen Ölen läßt sich ebenfalls Vaseline herstellen, die allerdings schlecht ist. Man gewinnt Vaseline, indem man von dem Rohöl die leichter siedenden Bestandteile einschließlich der Leucht- ölfraktion abdestilliert oder bei anderer Zusammensetzung des Rohöles den Rückstand von redestillierten schweren Maschinenölen verarbeitet. Man treibt dann im offenen Behälter durch die flüssige Masse einen Heißluftstrom, der die riechenden Bestandteile entfernt. Eine Raffination mit Schwefelsäure ist nicht zu empfehlen, da hierdurch das Paraffin verändert und dem Pyroparaffin ähnlich wird. Man raffiniert also mit Bleicherden und erhält aus der dunklen Rohvaseline durch Abfiltrieren ein gelbes Produkt. Wiederholte Bleichungen geben alle Farbenabstufungen bis zum reinen Weiß. Der in der Bleicherde festgehaltene gefärbte Anteil wird mit leichtem Benzin herausgelöst und gibt nach dem Entfernen des Benzins dunkle Vaseline, die für technische Zwecke, z. B. als Kabelisoliermittel, brauchbar ist. Es kommt bei einer guten Vaseline darauf an, daß sie eine gewisse Ziehfähigkeit besitzt, d. h. beim Herausnehmen darf die hängenbleibende Fahne nicht gleich abreißen, sondern muß sich verhältnismäßig lang ziehen lassen. Je dunkler eine Vaseline ist, um so mehr zieht sie, woraus zu entnehmen ist, daß die dunklen, zum Teil harzartigen Bestandteile die Träger der Ziehfähigkeit sind.

Die geruchlosen Vaselinen dienen pharmazeutischen, die übrigen, teils vermischt mit Paraffin und Öl, technischen Zwecken.

Die Kunstvaselinen bestehen aus Paraffin, Ceresin od. dgl. und Mineralöl. Je nach der gewünschten Farbe nimmt man paraffinhaltiges Spindelöl oder Weißöl. So hergestellte Vaselinen ziehen nicht so gut wie die Naturvaseline; doch ist es, wenn verhältnismäßig viel Naturvaseline mit verarbeitet ist, schwer zu beweisen, daß sie verschnitten sind. Auch fettsaures Aluminium wird oft in kleinen Mengen zugegeben, um die Konsistenz zu erhöhen; auch findet man gelegentlich Wollfett, Harzöl und Harz in technischen Produkten.

Teerfettöle.

Teerfettöle sind genau genommen nicht zu den Mineralölen zu zählen, wenn ihnen auch oft dieser Name beigelegt wird. Die Öle werden aus dem Anthracenöl, der zwischen 300—360° C übergehenden Fraktion der Steinkohlenteerdestillation gewonnen. Man läßt zunächst durch Abkühlung möglichst viel Anthracen und Phenanthren auskrystallisieren, filtriert das Öl und destilliert es noch einmal, um die flüchtigen Anteile zu entfernen. Bei einer nochmaligen Abkühlung werden weitere feste Stoffe ausgefällt. Man erhält ein Gemisch von flüssigen und aufgelösten festen Kohlenwasserstoffen der Anthracen- und Phenanthrenreihe sowie von hochmolekularen sauren Phenolen (*Großmann*, Chem.-Ztg. 1919, 343).

Das Öl findet ohne weitere Raffination Verwendung, namentlich zum Schmieren von Eisenbahnachsen, kaltlaufenden Teilen von Lokomotiven, auch ortsfesten Maschinen und Transmissionen.

Leute, die während der Kriegszeit ihre Maschinen mit Teerfettöl, der Not gehorchend, geschmiert haben, können nicht genug über diese Öle klagen und sind sofort nach dem Kriege zum Mineralölraffinat zurückgekehrt. Früher verbot sich die Verwendung von Teerfettölen durch die dunkle Farbe und den Geruch von selbst. Der Krieg ließ bei dem Mangel an gutem Mineralschmieröl hier auch eine Änderung eintreten. Daß so viele Klagen über die Öle, die man nur als Schmiermittelersatz ansprechen kann, vorliegen, hängt mit ihrer chemischen Beschaffenheit zusammen. Man hat es nämlich mit stark oxydationsfähigen Ölen zu tun, die nach *Hilpert* (Chem. Zentralbl. 1919, II, 619) in dünner Schicht der Luft ausgesetzt sogar in 8 Stunden eintrocknen. Auch polymerisationsfähig scheinen die Teerfettöle zu sein, weil sie beim bloßen Erhitzen verdickt werden und ihre Viscosität erhöhen, eine Eigenschaft, die man in der Technik benutzt, um ein viscoseres (aber qualitativ noch schlechteres) Öl zu erhalten. Wenn man durch erhitztes Öl Luft leitet, dann oxydiert es sich und dickt stark ein, ja klebrige Massen scheiden sich aus. Ein Schmiermittel, das sich während des Betriebes unter Umständen so verändern kann, ist ganz unbrauchbar. Außerdem ist der Flammpunkt der Teerfettöle sehr niedrig, und daher verbietet sich erfreulicherweise schon mancher Verwendungszweck von selbst. Der Viskositätsabfall ist anders als bei Mineralöl. In der Kälte scheiden sich leicht Kryställe von Anthracen ab, die zwar weich sind, so daß die Lager davon nicht angegriffen werden; aber meist haben die Öle einen beträchtlichen Säure- und Schwefelgehalt, was die Lager schädigt. Im Benzin sind die Öle nicht vollständig löslich, ein verhältnismäßig großer Teil bleibt ungelöst flockig zurück. Das spez. Gewicht ist über 1. Auch dürfen die Teerfettöle nicht mit anderen Ölen vermischt werden, da sich leicht Ausscheidungen bilden können. Das sind alles Eigenschaften, die ein Schmiermittel nicht haben soll.

Man hat auch versucht, zylinderölartige Produkte aus den Teerfettölen zu erhalten, indem man sie eindickte. Zur Zylinderschmierung sind sie vollständig unbrauchbar. Sie benetzen schlecht, der Flammpunkt liegt zu tief, die Viscosität kann die der Zylinderöle nicht erreichen. Auch geben sie Rückstände. Ein Dampfzylinder, der mit Teerfettöl geschmiert wird, muß bald verdrecken und zugrunde gehen.

Die Teerfettöle sind auch gesundheitsschädlich, da sie die Haut reizen. Das Reichsgesundheitsamt schreibt für Arbeiten mit Teerfettölen folgende Verhaltungsmaßregeln vor: möglichste Vermeidung unmittelbarer Berührung, sorgfältige Reinigung, sofortiges Aufsuchen des Arztes bei Entzündung der Hand oder der Augen, gründliches Einfetten der in Frage kommenden Hautstellen bei Arbeitsbeginn (*Grempe*, Chem.-Zentralbl. 1919, IV, 548). Aus all dem ergibt sich, daß man Teerfettöle höchstens an den Schmierstellen verwenden soll, die der Atmosphäre ausgesetzt sind, wie Transmissionen usw.

Braunkohlenteer- und Schiefer-Öle.

Braunkohlenteer- und Schieferöle werden durch Schwelen von Braunkohle bzw. bituminösem Schiefer erhalten. Im Schwelzylinder werden Substanzen möglichst unter Druckverminderung, damit Zersetzungen vermieden, die Blasen geschont und Heizmaterial gespart werden, erhitzt und die sich entwickelnden Dämpfe kondensiert. Der so gewonnene Teer wird mit Wasserdampf unter vermindertem Druck destilliert und das Destillat mit Lauge von den sauren Verbindungen befreit. Wenn auch auf diese Weise hauptsächlich Benzin und Paraffin gewonnen werden, so entsteht doch eine gewisse Menge Schmieröl.

Die Öle enthalten einen hohen Prozentsatz ungesättigter Verbindungen, so daß die Jodzahl hoch ist. Die vorhandenen Kohlenwasserstoffe sind schwer und verleihen dem Öl ein hohes spez. Gewicht, das aber unter 1 bleibt. Die Viscosität der Öle ist im allgemeinen 1,6 bis 3,3 bei 50° C, doch wird auch eine solche von etwa 5 erreicht.

Braunkohlen- und Schieferöle sind den Mineralölen nicht gleichzustellen, wenn sie auch besser als Teerfettöle sind. Man kann sie an offenen Schmierstellen gebrauchen, die ohnehin häufig gereinigt werden müssen, da sie dem Staub sehr ausgesetzt sind.

Die Erdölproduktion verschiedener Länder und allgemeine Charakteristik der gewonnenen Roh- und Schmieröle.

Die Welterdölproduktion hat namentlich in den letzten zwei Jahrzehnten ganz bedeutend zugenommen und ist noch immer im Steigen begriffen. Um eine Vorstellung von den Mengen zu erhalten, um die es sich handelt, seien in nachstehender Tabelle die Zahlen angegeben:

Weltproduktion an Roherdöl in 1000 Barrels.
(1 Barrel = $133^1/_3$ kg.)

1860	509
1870	5 799
1880	30 018
1890	76 663
1900	149 132
1910	327 865
1913	385 347
1918	515 229
1920	696 217
1922	851 548
1925	1 065 768

Das schnelle Ansteigen der Produktion ist auf die starke Zunahme des Automobilismus sowie auf den raschen Aufschwung, den die Ölfeuerung genommen hat, zurückzuführen. Wie die Produktion des Erdöles sich auf die einzelnen Länder verteilt, ist in nachfolgender Tabelle zu sehen:

Weltproduktion an Roherdöl in 1000 Barrels.

Staat:	1913		1918		1922		1925	
Verein. Staaten	248446	64,5%	355928	69,1%	551197	64,7%	763743	71,7%
Mexiko	25696	6,7%	63828	12,4%	185057	21,7%	114827	10,8%
Rußland	62834	16,3%	40456	7,9%	35091	4,1%	51020	4,8%
Persien	1857	0,5%	7200	1,4%	21154	2,5%	34665	3,3%
Holländ. Indien	11172	2,9%	13285	2,6%	16000	1,9%	21400	2,0%
Rumänien . . .	13555	3,5%	8730	1,7%	9817	1,2%	16215	1,5%
Brit. Indien . .	7930	2,1%	8000	1,5%	7980	0,9%	8000	0,7%
Peru	2071	0,5%	2536	0,5%	5332	0,6%	9115	0,9%
Polen (Galizien)	7818	2,0%	5592	1,1%	5110	0,6%	5673	0,5%
Sarawak(Borneo)	141	—	500	0,1%	2915	0,4%	4290	0,4%
Argentinien . .	131	—	1321	0,3%	2674	0,3%	5818	0,5%
Trinidad	504	0,1%	2082	0,4%	2445	0,3%	4477	0,4%
Venezuela . . .	—	—	190	—	2335	0,3%	20912	2,0%
Japan, Formosa	1942	0,5%	2449	0,5%	2004	0,2%	1920	0,2%
Ägypten	98		2080	0,4%	1188	0,2%	1251	0,1%
Frankreich . . .	—		—	—	494		455	
Columbien . . .	—		—	—	324		900	
Deutschland . .	857	0,4%	711	0,1%	200	0,1%	554	0,2%
Canada	228		305	—	179		318	
Italien	47		36	—	31		40	
Algier	—				9		175	
Andere Länder .	20				5			
	385347	100%	515229	100%	851540	100%	1065768	100%

Mit der vorstehenden Aufstellung sind die Länder, die Öl liefern, noch nicht alle genannt. So wird in China, einem Land, das noch viele Bodenschätze besitzt, in den Provinzen Szetschuan und Schensi Öl gefördert. Ferner ist auf Madagaskar, in Kamerun, auf den Philippinen, Neuguinea und Neuseeland Erdöl erbohrt worden. Aus der Tabelle kann man entnehmen, daß Europa ziemlich arm an Erdöl ist, während Amerika den weitaus größten Teil produziert, wenn auch seine Produktion im Abnehmen begriffen ist. Das Jahr 1925 hat allerdings wieder eine Steigerung in der Förderung eintreten lassen, die auf das Gebiet von Arkansas zurückzuführen ist, wo die Produktion plötzlich stieg, aber bald wieder abfiel. Im allgemeinen findet aber eine Abnahme der Förderung statt, was mit einer Erschöpfung der Erdölvorkommen im Zusammenhang steht. Da die Vereinigten Staaten der größte Konsument an Erdöl sind, wo man (1925) als Verbrauch 1049 l auf den Kopf der Bevölkerung rechnet (Deutschland 16 l), so wird die Zeit nicht mehr fern sein, wo das eigene Land den Konsum nicht mehr decken kann. Schon jetzt soll angeblich der Verbrauch die Förderung übersteigen. Es wird dann nicht mehr lange dauern, daß Amerika seine Vorherrschaft eingebüßt hat, da es für den gesteigerten Verbrauch der Weltwirtschaft ausscheidet, wodurch eine Dezentralisation eintritt.

Es werden mehrere Länder eine Rolle spielen. Die Erdölknappheit wird zunächst eine Verteuerung zur Folge haben, welche die Möglichkeit gibt, andere Wege zur Ölgewinnung einzuschlagen, wie die aus Ölschiefern und Kohle und die Herstellung des synthetischen Ersatzes für Betriebsstoffe.

Für die Herstellung von Schmieröl aus dem Rohpetroleum kommen hauptsächlich folgende Länder in Betracht: Die Vereinigten Staaten von Nordamerika, Rußland, Mexiko, Rumänien, Indien, Polen, Japan, Deutschland. Die übrigen Länder verarbeiten die Öle meist auf Heizöl, Benzin, Petroleum und Asphalt oder schicken sie zur Verarbeitung in andere Länder, z. B. Peru und Venezuela nach den Vereinigten Staaten.

Die einzelnen Länder liefern voneinander verschiedene Öle, die oft für bestimmte technische Zwecke ihre Vorzüge haben. Es seien daher die hauptsächlichsten Länder angeführt:

Die Vereinigten Staaten.

Man teilt in Nordamerika die Produktionsgebiete nach Ölfeldern ein, die meist nicht mit den Staatengrenzen zusammenfallen und infolge der zum Teil sehr weiten Entfernung voneinander große Unterschiede in der Qualität ihrer Öle aufweisen.

1. Das Apalachische Ölfeld. Hierzu rechnet man die Bezirke New York, Pennsylvanien, West-Virginien, Südost-Ohio, Ost-Kentucky.

2. Das Lima-Ölfeld. Dieses umfaßt den nordwestlichen Teil von Ohio, den Staat Indiana, West-Kentucky, Tennessee.

3. Das Illinois-Ölfeld im Staate Illinois.

4. Das Mid-Continent-Ölfeld. Hierzu gehören Kansas, Oklahoma, Arkansas.

5. Das Golf-Ölfeld. Zu ihm gehören Texas und Louisiana.

6. Das Ölfeld der Rocky Mountains in den Staaten Montana, Wyoming und einem Teil von Colorado.

7. Das Ölfeld von Kalifornien.

Diese produzierten, in 1000 Barrels gerechnet:

	1923	1924
Apalachisches Ölfeld	28225	27409
Lima-Ölfeld	2404	2288
Illinois-Ölfeld	9500	8732
Mid-Continent-Ölfeld	348460	368729
Golf-Ölfeld	33271	27642
Rocky Mountains-Ölfeld	47653	42761
Kalifornien	262876	230064
	732389	707265

Mit Ausnahme des Mid-Continent-Feldes haben also sämtliche Ölfelder einen Produktionsabfall gezeigt, und die Gesamtproduktion der Vereinigten Staaten, die immer im Steigen begriffen war, ist im Abnehmen begriffen.

Man muß in Nordamerika zwei Hauptgruppen von Ölen unterscheiden, nämlich Öle mit Paraffin- und Asphaltbasis. Eine genaue Trennung der beiden Gruppen ist nicht möglich, da Übergänge vorhanden sind. Dr. *Sommer* schreibt darüber (Petr. XI, 152):

„Von den äußersten Typen (der Rohöle) kann man sagen, daß die meisten Asphaltöle kein Paraffin und die meisten Paraffinöle keinen Asphalt enthalten. Sie unterscheiden sich durch ihr Äußeres augenfällig dadurch, daß die hochasphaltischen Öle fast pechartige Flüssigkeiten darstellen, während die reinen Paraffinöle ganz dünnflüssig und durchscheinend sind."

Die Ergiebigkeit der Ölquellen im Osten der Vereinigten Staaten ist so zurückgegangen, daß man gezwungen war, diese Öle mit denen anderer Herkunft zu verschneiden. Man findet daher vollständig reine Öle aus dem Apalachischen Gebiet nur noch verhältnismäßig wenig, zumal nur 33 Raffinerien heute diese sog. pennsylvanischen Öle verarbeiten. Die reinen Öle bestehen zum größten Teil aus den widerstandsfähigen Methan-Kohlenwasserstoffen, welche die besten Maschinen- und Zylinderöle sowie Vaseline liefern. Sie geben bei der Destillation einen paraffinhaltigen Rückstand, aus dem das gute Zylinderöl hergestellt wird. Die Öle von Ohio, Indiana, Illinois, ferner Öle aus Kanada enthalten neben den Methan-Kohlenwasserstoffen viele geschwefelte Verbindungen. Teilweise ist der Schwefel sogar ungebunden vorhanden und wird durch erneute Destillation des Öles über Kupferoxydmasse entfernt, wodurch die entstehenden Produkte den pennsylvanischen Ölen ebenbürtig werden. Die Dampfzylinderöle aus den östlichen Staaten sind allen anderen, auch den russischen Sorten, überlegen.

Die analytischen Daten einiger gewöhnlicher östlicher Spindel-, Maschinen-, Vaselin- und Zylinderöle seien hier angegeben:

Spindel- und Maschinenöle.

Spez. Gewicht bei 15° C	Visc. bei 50° C	Flpkt. °C	Asche %	Teerzahl	Freie Säure als Ölsäure berechnet	Stockpkt. °C
0,891	2,0	183	0,003	0,04	0,015	— 3
0,898	2,8	200	0,006	0,05	0,020	— 2
0,907	4,5	215	0,008	0,07	0,030	0
0,910	6,7	230	0,009	0,08	0,055	0
0,843	1,5	180	0,002	0,06	0,025	+10
0,853	1,6	183	0,002	0,04	0,025	+ 1
0,860	1,9	183	0,002	0,03	0,020	+ 4
0,870	2,8	216	0,003	0,09	0,035	— 2
0,874	3,2	217	0,003	0,04	0,020	— 1
0,873	4,2	221	0,004	0,08	0,025	+ 2

Weiß- oder Vaselinöle.

Spez. Gewicht bei 15° C	Visc. bei 50° C	Flpkt. ° C	Farbe	Freie Säure als Ölsäure berechnet	Stockpkt. ° C
0,855	1,8	170	wasserhell	saurefrei	—1
0,863	1,9	187	fast weiß	,,	—1
0,864	2,4	176	weiß	,,	—3
0,885	3,1	184	fast weiß	,,	—1

Spez. Gewicht bei 15° C.	Visc. bei 100° C	Flpkt. ° C	Asche %	Hartasphalt	Farbe
Dunkle Zylinderöle.					
0,904	4,46	293	0,02	0,04	dunkelgrün
0,911	6,06	320	0,06	0,12	,,
0,903	4,00	292	0,03	0,02	,,
0,901	4,8	308	0,009	0,04	,,
Filtrierte Zylinderöle.					
0,892	3,4	287	0,002	—	hellgrün
0,899	3,2	293	0,003	—	,,
0,908	3,5	282	0,004	—	,,

Sehr schwefelreich sind auch die Öle aus Texas und Louisiana, die aber nach ihrer chemischen Zusammensetzung denen aus Kansas und zum Teil denen aus Kalifornien ähneln. Sie bestehen aus Naphthenen, aromatischen und ungesättigten Kohlenwasserstoffen und enthalten viele Stickstoffverbindungen und asphaltartige Stoffe, die bei der Destillation als Asphalt zurückbleiben, der zur Straßenpflasterung geeignet ist. Das spez. Gewicht dieser Öle ist bedeutend höher als das der entsprechenden pennsylvanischen, der Flammpunkt niedriger. Die aus dem Golf- und Mid-Continent-Bezirk stammenden Öle sind umständlicher zu raffinieren als die pennsylvanischen, da sie geneigt sind, bei der Raffination die Lauge zu halten und ziemlich beständige Emulsionen zu geben. Sie haben daher meist einen höheren Asche- und Säuregehalt und eine höhere Teerzahl aufzuweisen, da sie noch verhältnismäßig viele ungesättigte Verbindungen nach der Raffination zurückgehalten haben. Gegen oxydierende Einflüsse sind sie empfindlicher als die pennsylvanischen, was man durch die sog. Verteerungszahlen, das sind Teerzahlen nach Behandeln durch Erhitzen oder Oxydation, erkennen kann. Maschinenöle aus derartigen Rohölen einer großen amerikanischen Raffinerie hatten folgende Zahlen:

Spez. Gewicht bei 15° C	Visc. bei 50° C	Flpkt. ° C	Asche %	Teerzahl	Freie Säure als Ölsäure berechnet	Stockpkt. ° C
0,918	2,0	155	0,04	0,18	0,07	—22
0,931	4,2	175	0,05	0,34	0,28	—16
0,937	6,5	188	0,11	0,38	0,28	—14
0,941	9,0	198	0,23	0,48	0,49	—10
0,944	14,5	210	0,30	0,66	0,59	— 1

Andererseits hatten reine Texasöle einer anderen großen Raffinerie viel bessere Analysenzahlen, weil sie sorgfältiger raffiniert und ausgewaschen waren. Einige Analysendaten seien angegeben:

Spez. Gewicht bei 15° C	Visc. bei 50° C	Flpkt. ° C	Asche %	Teerzahl	Freie Säure als Ölsäure berechnet	Stockpkt. ° C
0,909	2,0	160	0,003	0,10	0,035	—23
0,930	4,5	178	0,006	0,12	0,055	—15
0,933	6,9	192	0,007	0,13	0,055	—12
0,937	9,3	201	0,008	0,15	0,060	— 8

In Kalifornien werden zwei verschiedene Arten von Rohöl gefunden, die man nach ihrer Zusammensetzung teils zu den reinen Asphaltölen rechnen muß, teils sind es Paraffinöle. Die Abneigung gegen die aus Kalifornien kommenden Schmieröle ist zum Teil berechtigt; einige ähneln allerdings, wenn sie raffiniert sind, in manchen Punkten den pennsylvanischen. Jedenfalls gibt es Öle, deren spez. Gewicht niedriger als das der Texasöle ist, und deren Flammpunkt höher liegt. Der Stockpunkt liegt bei den Paraffinölsorten bei etwa 0° C, aber ihnen fehlt die Beständigkeit gegen die Einflüsse des Luftsauerstoffs, dadurch neigen sie mehr zur Verharzung. Aus diesen Gründen sind sie schmiertechnisch den Mid-Continent-Ölen gleichzustellen und werden oft dazu benutzt, teils Öle zu verbessern oder pennsylvanische Öle zu verschneiden. Die Asphaltöle stehen den Mid-Continent-Ölen chemisch sehr nahe. Als Beispiele seien einige raffinierte Spindel- und Maschinenöle aufgeführt:

	Spez. Gew. bei 15° C	Visc. bei 50° C	Flpkt. ° C	Asche %	Teerzahl	Freie Säure als Ölsäure berechnet	Stockpkt. ° C
Paraffinbasis:	0,880	3,5	206	0,03	0,16	0,050	—5
	0,890	1,8	163	0,05	0,13	0,031	—6
	0,896	2,0	167	0,06	0,16	0,045	—5
	0,906	3,1	188	0,08	0,19	0,045	—2
	0,910	4,0	199	0,08	0,22	0,055	0
Asphaltbasis:	0,925	2,3	154	0,17	0,38	0,22	—15
	0,931	3,3	164	0,18	0,40	0,17	—15
	0,932	3,6	176	0,20	0,40	0,14	—15
	0,936	4,9	177	0,23	0,57	0,31	—15
	0,940	7,0	187	0,23	0,60	0,32	—10
	0,953	9,9	193	0,21	0,71	0,28	— 8

Die Zylinderöle aus westlichen Ölen sind nicht so gut wie die pennsylvanischen. Sie haben einen hohen Asphaltgehalt, der sie für Heißdampfmaschinen nicht besonders geeignet macht. Für Sattdampfmaschinen sind sie ohne Schaden zu verwenden. Man erkennt sie an dem höheren spez. Gewicht, das über 0,915 liegt.

Westliche Zylinderöle.

Spez. Gew. bei 15° C	Visc. bei 100° C	Flpkt. ° C	Asche %	Hartasph. %	Farbe
0,919	4,7	276	0,11	1,5	dunkelgrün
0,929	3,8	266	0,03	0,69	braungrün

Filtrierte westliche Zylinderöle.

	Spez. Gew. bei 15° C	Visc. bei 100° C	Flpkt. ° C	Asche %	Hartasph. %	Farbe
Kansas	0,940	3,7	258	0,09	0,002	grün
Kentucky	0,913	4,3	273	0,004	—	hellgrün
	0,919	4,4	277	0,009	—	grün

Die Raffinate von Asphaltölen haben denen aus Paraffinölen gegenüber auch Vorteile. Infolge der Abwesenheit von Paraffin haben sie einen niedrigen Erstarrungspunkt. Auch lassen sich aus ihnen hochviscose Maschinenöle herstellen.

Die Destillate der Asphaltöle haben im allgemeinen also folgende Eigenschaften, verglichen mit Fraktionen gleicher Siedegrenze von Paraffinölen:

1. Hohes spez. Gewicht.
2. Verhältnismäßig größere Flüchtigkeit.
3. Höhere Viscosität.
4. Größere Kältebeständigkeit.

Die Entwicklung für Nordamerika wird die sein, daß der Typ der Asphaltöle eine immer größere Rolle spielen wird, da die neuen in Amerika erschlossenen Felder fast sämtlich Asphaltöle liefern. Für die Herstellung von Heizöl, Petroleum und Motorbetriebsstoff sind die Öle gut geeignet, ebenso ist der bei der Destillation zurückbleibende Asphalt gut verwendbar, aber für besonders diffizile Schmierung sollte man diese Öle lieber nicht verwenden.

Mexiko.

An die großen Erdölfelder der Vereinigten Staaten schließen sich die von Mexiko mit den zwei wichtigsten Gebieten bei Tampico und Tuxpan an, ein kleinerer Bezirk liegt bei dem Isthmus von Tehuantepec. Fabriken befinden sich in Tampico, Tuxpan und Menatitlan. Die Rohölproduktion von Mexiko nahm von Jahr zu Jahr gewaltig zu, ist aber in den letzten Jahren wieder etwas im Abnehmen begriffen.

Die meisten großen Gesellschaften sind nordamerikanisch, dann gibt es einige mexikanische und europäische. Die mexikanische Petroleumindustrie steht aber in so ausgedehntem Maße unter dem Einfluß der Vereinigten Staaten, daß es nicht zu verwundern ist, wenn man in den Ölfeldern fast ausschließlich amerikanischen Bohrapparaten begegnet.

Im Verhältnis zur Rohölförderung sind nur wenig Raffinerien im Lande, und das Erdöl wird viel nach den Vereinigten Staaten über Tampico und Tuxpan in Tankdampfern zur Destillation oder Raffination verladen. Die mexikanischen Öle sind als Heizöl und, da es sich um asphaltische Öle handelt, zur Herstellung von Straßenasphalt geeignet; weniger, was die Qualität der Öle angeht, zur Herstellung von Schmieröl. Sie werden daher oft mit nordamerikanischen Ölen vermischt in den Handel gebracht.

Rußland.

Für die Verarbeitung der russischen Erdölsorten kommen hauptsächlich die im Bakuer Gebiet erbohrten Öle in Betracht. Diese an Naphthenen reichen und an Schwefel armen Erdöle werden entweder nur auf Benzin, Leuchtöl und Heizöl (Masut) oder, sofern die Öle dazu geeignet sind, auch auf Schmieröle verarbeitet. Die besseren Sorten des Bakuer Gebietes, vor allem das Balachany-, Sabuntschi- und Romani-Erdöl, liefern das wertvolle russische Maschinenöl, das hochviscos ist und ein verhältnismäßig niedriges spez. Gewicht hat. Ferner zeigt es infolge der Abwesenheit von Paraffin die so hochgeschätzte Eigenschaft der Kältebeständigkeit, so daß man für alle Schmierzwecke, bei denen es neben der Güte auf diese Eigenschaft ankommt, ein russisches Öl vorzieht.

„Seine Überlegenheit beruht außerdem besonders auf seinen chemischen Eigenschaften, auf der Widerstandsfähigkeit der in ihm vorwiegend vertretenen Kohlenwasserstoffe gegen die durch den Schmiervorgang ausgelösten zersetzenden Einflüsse. Folgende Zahlen lassen dies erkennen: Der Gehalt des russischen Maschinenöles an pechartigen Bestandteilen beträgt etwa 0,2%, der der meisten anderen Schmieröle gleicher physikalischer Beschaffenheit 1—1,5%. Unter bestimmten Bedingungen zersetzenden Einflüssen ausgesetzt, erfährt das russische Öl eine Zunahme seines Gehaltes an pech- und kokartigen Anteilen um 0,7%, während diese Zunahme bei anderen Ölen durchschnittlich 1,4% beträgt (Dr. *Kissling*, Petr. XII, 1201)."

Es seien die Analysenzahlen einiger russischer Maschinenöle angeführt:

Spez. Gewicht bei 15° C	Visc. bei 50° C	Flpkt. ° C	Asche %	Teerzahl	Freie Säure als Ölsäure berechnet	Stockpkt. ° C
0,904	3,04	192	0,002	0,12	0,021	—22
0,908	6,4	206	0,004	0,17	0,021	—15
0,913	10,8	225	0,005	0,19	0,035	—10

Weißöle oder Vaselinöle.

Spez. Gewicht bei 15° C	Visc. bei 50° C	Visc. bei 20° C	Flpkt. ° C	Freie Säure als Ölsäure berechnet	Farbe	Stockpkt. ° C
0,866	2,0	4,6	160	fehlt	wasserhell	—28
0,872	2,1	4,7	155	fehlt	weiß	—27
0,880	2,1	4,9	159	fehlt	weißlich	—25
0,873	2,5	9,8	180	fehlt	wasserhell	—25
0,880	2,9	10,4	181	fehlt	wasserhell	—25

Rumänien.

In Rumänien wird in verschiedenen Gegenden Rohöl gefunden, das meiste in der Provinz Prahova, das hauptsächlich in Campina und Ploesti verarbeitet wird. In Bacoiu wird ein Rohöl gefunden, das nur auf Benzin, Petroleum und Heizöl verarbeitet werden kann. In Campina, Moreni und Bustenari findet sich ein schweres Öl, aus dem auch Schmieröl hergestellt wird. Gutes kältebeständiges Öl stammt meist aus Bustenari. Die Sonden des Moreni- und Campinaterrains liefern Rohöl verschiedener Qualität, oft mit namhaftem Paraffingehalt. Selbst das Öl von Bustenari wird seit Jahren immer kälteunbeständiger, da es paraffinhaltiger wird, und es ist keine Aussicht vorhanden, daß die Kältebeständigkeit bestehen bleibt, wenn nicht irgendein glücklicher Zufall eintritt. Die Rohöle ändern nämlich allmählich ihre chemische Zusammensetzung. Der Grund mag vielleicht darin liegen, daß Wasser in das ganze Gebiet eindringen will und anderes paraffinreicheres Öl langsam vor sich hertreibt, oder daß paraffinreichere Öle direkt eindringen. Wenn das Bustenariöl auch, was den Kältepunkt anbelangt, Ähnlichkeit mit dem russischen hat, so ist es in qualitativer Hinsicht infolge seines verhältnismäßig hohen Gehaltes an aromatischen Kohlenwasserstoffen diesem doch nicht ebenbürtig, ist aber im Gebrauch besser als die amerikanischen Asphaltöle.

Rumänische Maschinenöle.

Spez. Gewicht bei 15° C	Visc. bei 50° C	Flpkt. ° C	Asche %	Teerz.	Freie Säure als Ölsäure berechnet	Stockpkt. ° C
0,920	3,0	192	0,006	0,19	0,024	—15
0,926	6,6	202	0,012	0,23	0,042	— 9
0,930	5,4	186	0,015	0,25	0,070	—10

Polen.

In Polen findet man Erdöl auf einer etwa 400 km langen Ölzone längs der Karpathen. Das meiste Erdöl bringt der Distrikt von Boryslaw—Tustanovice—Mraznica hervor, und zwar etwa 70% der Gesamtproduktion. Dann folgt das Gebiet von Schodnica—Urycz—Opaka,

2*

während alle anderen Fundorte unbedeutend sind. Das Erdöl weist in den einzelnen Gegenden verschiedene Beschaffenheit auf. Paraffinreiche Öle, die bis zu 12% Paraffin enthalten und das Herstellungsprodukt für die hochflammenden Schmieröle abgeben, kommen aus Ostgalizien. Hier kommt das Öl in der sog. Boryslawer Falte vor, wo es in porösem Sandstein und Klüften angereichert ist.

Paraffinfreie oder -arme Öle sind in Westgalizien zu finden. Sie sind reich an Benzin und geben nur niedrigflammende Schmierölfraktionen. Nach Dr. *L. Singer* (*Engler-Höfer*) nehmen die polnischen Öle eine deutliche Mittelstellung zwischen den amerikanischen Methan- und den russischen Naphthenölen ein, d. h. eine ganze Reihe von ihnen hat effektiv den Charakter der amerikanischen, andere bis auf den hohen Asphaltgehalt den Charakter der russischen. Solche mit ausgesprochener Asphaltbasis wie die westamerikanischen sind kaum anzutreffen.

Die Produkte, die aus dem Erdöl gewonnen werden, haben, namentlich wenn man Spindelöl und leichtes Maschinenöl betrachtet, mit guten amerikanischen Ähnlichkeit, da sie einen hohen Flammpunkt besitzen und im spez. Gewicht nicht zu hoch sind. Zylinderöle allerdings sind nicht in der guten Qualität herstellbar. In Farbe sind die Maschinenöle den amerikanischen und russischen nicht ebenbürtig. Da die Rohöle sehr paraffinreich sind, werden kältebeständige Maschinenöle in Galizien nicht hergestellt, wenn auch durch Abkühlung wie in Amerika viel Paraffin entfernt wird.

Polnische Maschinenöle.

Spez. Gewicht bei 15° C	Visc. bei 50° C	Flpkt. ° C	Asche %	Teerz.	Freie Säure als Ölsäure berechnet
0,884	1,7	175	0,004	0,17	0,014
0,893	2,0	187	0,004	0,19	0,020
0,906	3,35	196	0,005	0,25	0,035
0,913	4,4	202	0,007	0,27	0,045
0,923	6,4	215	0,010	0,30	0,050

Deutschland.

Es ist ganz erklärlich, daß man in Deutschland gern deutsches Öl verwenden will, obwohl es arm an Erdölen ist. Die Bohrungen im Elsaß bei Pechelbronn, deren Produkte in mancher Beziehung chemisch den pennsylvanischen gleichen, wenn man von dem Gehalt an harzartigen Stoffen absieht, sind leider durch den Krieg verlorengegangen, so daß als produktives Vorkommen hauptsächlich hannoversche Öle zur Verfügung stehen, die aber gar nicht in der Lage sind, überhaupt nur annähernd den deutschen Bedarf zu befriedigen. Bei Wietze zwischen Celle und Hannover findet sich leichtes und schweres Erdöl, das in verschiedenen Raffinerien verarbeitet wird. Man gewinnt geringe Mengen Benzin und Petroleum, hauptsächlich Spindel-, Maschinen- und Zylinderöle, da das Rohöl zum größten Teil aus schweren Naphthenen besteht. Die deutschen Öle gelten leider mit Recht als nicht besonders gut, ihre inneren Eigenschaften sind schlechter als die der amerikanischen, russischen und polnischen Öle, was nicht durch die Art der Destillation oder Raffination, sondern durch das Ausgangsprodukt bestimmt ist. Mit den erstklassigen ausländischen Ölen sind also die deutschen nicht zu vergleichen, wenn auch durch gute Raffination sehr brauchbare Sorten hergestellt werden, die sogar für Dampfturbinen Verwendung finden können. Die Dampfzylinderöle sind für viele Zwecke vollständig ausreichend, doch können sie .den höchsten Anforderungen nicht genügen.

Deutsche Öle.

	Spez. Gew. bei 15° C	Visc. bei 50° C	Flpkt. ° C	Asche %	Teerzahl	Freie Säure als Ölsäure berechnet	Stockpkt. ° C
Maschinen- öle	0,902	1,9	148	0,016		0,14	—6
	0,914	2,8	167	0,012	0,25	0,14	—2
	0,921	4,5	178	0,017	0,25	0,19	| 1
	0,928	6,4	199	0,021	0,27	0,20	+1
	0,932	11,5	228	0,027	0,29	0,18	+2
		bei 100° C			Hartasphalt %		
Zylinder- öle:	0,955	3,2	278	0,05	0,3	—	—
	0,959	4,0	290	0,01	0,5	—	—

Wichtige analytische Eigenschaften der Schmieröle.

Im nachfolgenden seien kurz die physikalischen und chemischen Eigenschaften der Schmieröle besprochen, die zur Beurteilung der Güte und Brauchbarkeit nötig sind. Die Art und Weise, wie diese bestimmt werden, wird als bekannt vorausgesetzt. Es sei auch auf die Bücher von *D. Holde*, „Untersuchung der Kohlenwasserstofföle und Fette" und *R. Ascher*, „Die Schmiermittel" hingewiesen, wo alle Methoden eingehend beschrieben sind.

Das spezifische Gewicht.

Das spez. Gewicht eines Öles wird für 15°, manchmal auch für 20° C angegeben. Es kann zur Identifizierung und Bestimmung der Herkunft eines Öles mit verwendet werden, bestimmt aber nicht dessen Güte, da es nichts über den Raffinationsgrad aussagt. Wenn man nur mit gut raffinierten amerikanischen Ölen zu tun hätte, so könnte man sagen, daß das spez. Gewicht die Güte eines Öles anzeigt, da es bei reinem pennsylvanischen meist nicht über 0,900 ansteigt und nur bei Ölen aus Asphaltbasis höher liegt. Aber man hat auch mit Ölen anderer Herkunft zu tun, wie mit russischen, die in vielen Punkten den pennsylvanischen sogar überlegen sind und trotzdem höhere spez. Gewichte aufweisen. Ein Öl mit niedrigem spez. Gewicht ist allerdings im Betriebe etwas ökonomischer, weil nach Gewicht gekauft, nach Raummaß aber verbraucht wird. Über das spez. Gewicht schreibt *Rosemann* (Petr. XI, 17): „Auch das spez. Gewicht läßt wenig auf die übrigen Eigenschaften schließen und wird hoch durch einen hohen Kohlenstoffgehalt, während ein höherer Wasserstoffgehalt das spez. Gewicht erniedrigt. Hoher Kohlenstoffgehalt ist häufig die Ursache zur Rückstandsbildung, ist also unerwünscht, so daß man daraus folgern kann, daß die spezifisch leichteren Öle vorzuziehen wären. Wasserstoff ist ein erwünschter und wertvoller Bestandteil. Am wertvollsten wäre daher ein Öl mit niedrigem spez. Gewicht und hoher Viscosität. Im allgemeinen steigt aber mit der Erhöhung der Viscosität auch das spez. Gewicht, da es technisch nicht erreichbar ist, ein Öl z. B. mit der Viscosität 10 herzustellen, das gleichzeitig dasselbe niedrige spez. Gewicht hat wie ein Öl mit der Viscosität 4—5. Die Öle höherer Viscosität und höheren spez. Gewichtes haben durchschnittlich auch einen höheren Flammpunkt als Öle mit niedrigem spez. Gewicht und niedriger Viscosität."

Die Viscosität.

Zur Charakterisierung eines Schmieröles gehört unbedingt die Angabe der Viscosität oder Zähflüssigkeit. Die Viscosimeter, in denen die Zähflüssigkeiten von Ölen gemessen werden, beruhen auf der Tatsache, daß ein zähflüssiges Öl durch eine enge Öffnung langsamer herausläuft als ein leichtflüssiges. Man mißt also Zeiten und vergleicht diese mit der Zeit, die dieselbe Menge Wasser gebrauchen würde, um durch die gleiche Öffnung zu fließen. In Deutschland ist allgemein das *Engler*sche Viscosimeter in Gebrauch. Hier gilt als Maßstab der Zähigkeit (Englergrad) der Quotient aus Auslaufszeit in Sekunden von 200 ccm Öl bei der Versuchstemperatur und der von 200 ccm Wasser bei 20° C. Die Öle werden bei zunehmender Temperatur dünnflüssiger, weshalb man die Viscosität bei bestimmten Temperaturen angibt, bei Spindel- und Maschinenölen bei 20° und 50° C, bei Zylinderölen bei 50° und 100° C.

Die in Deutschland hergestellten Viscosimeter haben den Vorzug vor vielen, die in anderen Ländern in Gebrauch sind, daß sie genau nach den festgelegten Größenverhältnissen gearbeitet sind, so daß man gute Übereinstimmungen mit den verschiedensten Apparaten erzielt. Der in Amerika viel gebrauchte Sayboltapparat ist hier, nachdem er sorg-

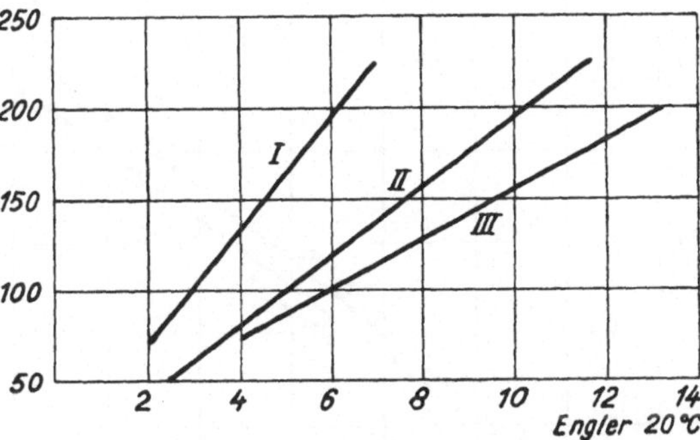

Fig. 1.

I *Redwood* 70° F, II *Saybolt* 70° F, III *Saybolt* 100° F. Kurve für die Umrechnung von Englergraden in Saybolt- und Redwoodgrade.

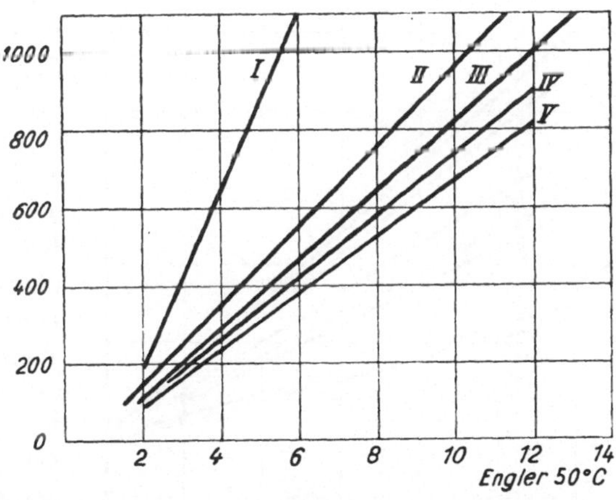

Fig. 2.

I *Redwood* 70° F Mid-Continent-Öle, II *Saybolt* 70° F Pennsylvan-Öle, III *Saybolt* 100° F Mid-Continent-Öle, IV *Saybolt* 100° F Pennsylvan-Öle, V *Redwood* 100° F Mid-Continent-Öle. Kurve für die Umrechnung von Englergraden bei 50° C in Saybolt- und Redwoodgrade.

fältiger hergestellt wird, als Standardapparat anerkannt. Die übrigen in Amerika gebrauchten Apparate, sowie der englische Redwoodapparat sind nicht sehr sorgfältig untereinander übereinstimmend hergestellt, weshalb die auf einem Apparat gefundenen Werte nicht auf alle anderen genau übertragbar sind.

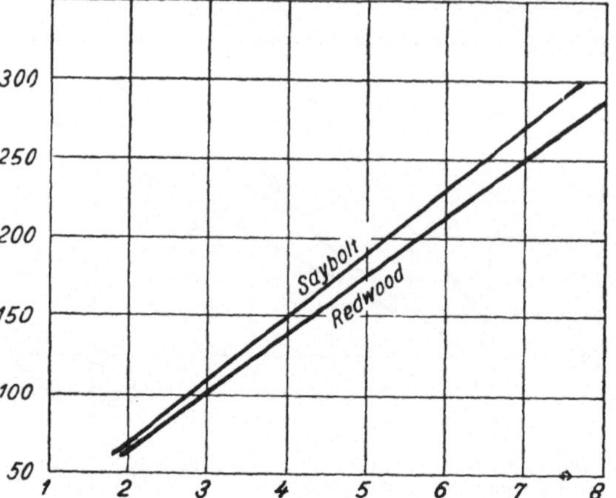

Fig. 3.

Kurve für die Umrechnung von Englergraden bei 100° C in Saybolt- und Redwoodgrade bei 212° F.

Die Engler- und anderen Grade geben nicht den unmittelbaren Wert der inneren Reibung an, sondern ordnen die Öle nur nach ihren Zähigkeiten ein. Man erhält demnach nur Relativitätswerte.

Saybolt und *Redwood* geben die Auslaufszeit eines bestimmten Quantums Öl in Sekunden an, ohne auf Wasser umzurechnen. Man kann, wenn man Saybolt- (universal) und Redwood- in Englergrade umwandeln will, für einen Englergrad 30,75 Sekunden bzw. 36,55 Sekunden rechnen. Dieser Faktor gilt aber nur, wenn man gleiche Temperaturen nimmt, was meist nicht der Fall ist, da in den Vereinigten Staaten und England die Temperatur nach Fahrenheitgraden gemessen wird, während bei uns die hundertteilige Skala in Gebrauch ist. Nach praktischen Versuchen sind die beiliegenden Kurven 1—3 aufgezeichnet, aus denen zu entnehmen ist, welchem Englergrad bei 20, 50 und 100° C Saybolt- oder Redwoodviscositäten bei 70, 100 und 212° F entsprechen. Öle mit Paraffin- und Asphaltbasis beanspruchen je eine Kurve

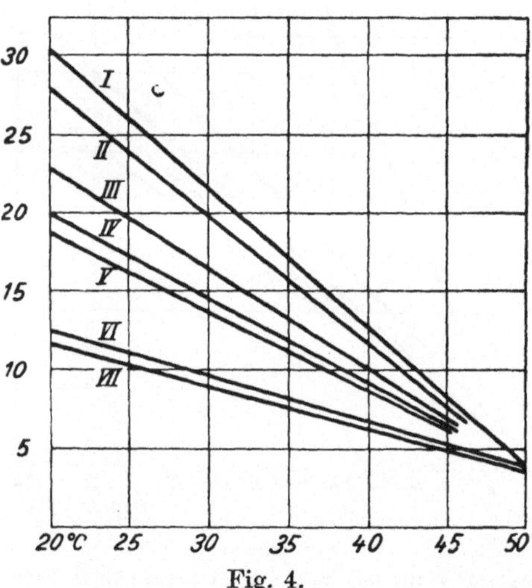

Fig. 4.

Viscositäts-Kurve verschiedener Öle. I Texas-Maschinenöl, II Deutsches Maschinenöl, III Russisches Maschinenöl, IV Pennsylvan-Maschinenöl, V Pennsylvan-Maschinenöl, VI Rüböl, VII Knochenöl.

für sich. Aus der Kurve 4 ist ferner zu sehen, daß die Englerviscositäten' zwischen 20 und 50° C bei Ölen verschiedener Herkunft verschieden sind, daß z. B. ein Öl aus Texas bei 20° C eine Viscosität von 31, ein pennsylvanisches eine solche von 20 hat, während bei 50° C beide Öle eine Viscosität von 4,2 haben. Die Kurven laufen also verschieden steil. Dasjenige Öl ist schmiertechnisch das beste, das die flacheste Viscositätskurve hat. Demnach wird Knochenöl und Rüböl besser als die Mineralöle schmieren, bei denen die Reihenfolge dann folgendermaßen wäre:

pennsylvanisch, russisch, deutsch, Texas.

Auch hier sieht man also wieder die Überlegenheit der pennsylvanischen Öle. Schon aus dem Verlaufen der Kurve ist zu schließen, daß die Viscosität allein nicht ausschlaggebend ist. Oft wird ihr eine zu große Bedeutung beigemessen, denn es können sich Öle, die bei einer bestimmten Temperatur die gleiche Viscosität haben, in der Praxis, wo eine andere als die Versuchstemperatur herrscht, ganz verschieden verhalten. Namentlich wenn es sich um die Schmierung bei hohen Temperaturen handelt, wird die Viscosität oft überschätzt. Immerhin ist sie wertvoll als ein handgreifliches Kriterium, aus welchem man unter der Voraussetzung sonst zusagender Eigenschaften jeweils das für eine Maschine geeignete Öl aussuchen kann, da sie zur Kohäsion des Öles in einem proportionalen Verhältnis steht. Allgemein kann man sagen: Wird ein Öl mit guten inneren Eigenschaften wie die pennsylvanischen genommen, kann es dünnflüssiger sein als ein qualitativ minderwertiges. Hohe Viscosität ist demnach nicht gleichbedeutend mit guter Schmierung, wie auch aus den später erwähnten Versuchen über die Oberflächenspannung und Schmierergiebigkeit von *v. Dallwitz-Wegener* hervorgeht.

Man teilt die Schmieröle auf Grund ihrer Viscosität in drei Klassen:

1. Spindelöle.

Visc. bei 20° C	bis 8
„ „ 50° C	1,6—2,4

2. Maschinenöle.

   a) Leichte Maschinenöle:

Visc. bei 50° C . . . . 2,5—4,0

   b) Normalflüssige Maschinenöle:

Visc. bei 50° C . . . . 4,1—7,0

   c) Schwerflüssige Maschinenöle:

Visc. bei 50° C . . . . über 7,0

3. Zylinderöle.

Visc. bei 50° C . . . . mindestens 12

Der Flammpunkt.

Neben der Angabe der Viscosität wird von Händlern und Verbrauchern der Flammpunkt verlangt. Er ist der Erwärmungsgrad, bei dem die sich bildenden Öldämpfe bei Annäherung einer Flamme aufflammen, bei dem aber noch nicht soviel Öldämpfe entwickelt werden, daß das Öl weiterbrennt. Tritt letzteres ein, so haben wir den Brennpunkt. Nach der Höhe des Flammpunktes kann man einen annähernden Schluß auf die Verdampfbarkeit des Öles ziehen, denn je niedriger er liegt, desto mehr verdampft bei erhöhter Temperatur. Die Höhe des Flammpunktes gibt insofern einen geringen Anhalt über die Zusammensetzung eines Öles, als man durch ihn gegebenenfalls die Zumischung niedrigerer Öle zu dem betreffenden Schmieröl feststellen kann. Geringe Mengen leichter Öle, dem Schmieröl zugesetzt, drücken den Flammpunkt gleich bedeutend herab.

Namentlich der Händler will stets gern Öle mit hohem Flammpunkt verkaufen. Der Flammpunkt ist eine Zahl, durch die der eine Ölhändler den anderen zu schlagen sucht. Der Wert des Flammpunkts wird aber oft überschätzt. Bei den gewöhnlichen Maschinenölen, die doch die Hauptmenge des Konsums stellen, spielt es wirklich keine Rolle, ob er bei 170 oder bei 220° C liegt. Gewiß, für viele Verwendungszwecke ist es nötig, daß man den Flammpunkt kennt, wie bei Schmierölen für Verbrennungsmotoren, Luftkompressoren, Heißdampfzylinderölen u. dgl. Auch kann man durch ihn in Verbindung mit anderen Analysendaten auf die Herkunft eines Öles schließen.

Man hat zur Flammpunktsbestimmung zwei Arten von Apparaten:

1. Den Apparat mit offenem Tiegel nach *Marcusson*.
2. Den geschlossenen Apparat nach *Pensky-Martens*.

Ersterer liefert, da der Öldampf frei sich verflüchtigen kann, höhere Werte als der zweite. Bei diesem wird das Öl in einem geschlossenen Tiegel erwärmt, und nur ein kleiner Spalt, der zum Prüfen geöffnet wird, erlaubt, eine Zündflamme einzubringen. Es werden sich hier also Öldämpfe ansammeln, und wenn genügend vorhanden sind, werden sich diese beim Einbringen der Zündflamme entzünden und so den Flammpunkt angeben. In dem geschlossenen Apparat werden sich leicht geringe Beimischungen von Öl mit niedrigerem Flammpunkt verraten, die bei der Bestimmung im offenen Tiegel nicht bemerkt werden. Auch entspricht die Bestimmung im *Pensky-Martens*schen Apparat etwas mehr den Betriebsverhältnissen. Ist nicht angegeben, auf welche Weise der Flammpunkt bestimmt ist, so ist immer die Bestimmung im offenen Tiegel nach *Marcusson* gemeint.

Ein bestimmtes Verhältnis der beiden Flammpunktsdaten zueinander bei dem gleichen Öl besteht also nicht. Trotzdem seien einige Beispiele von raffinierten Maschinenölen angeführt:

Herkunft	Spez. Gew. bei 15° C	Visc. bei 50° C	Flpkt. i. o. T. ° C	Flpkt. P.-M. ° C	Brennpkt. ° C
Pennsylvanien	0.861	1,6	162	153	179
„	0.891	2,2	188	180	216
Mid-Continent	0.930	4.1	172	163	210
„	0.919	2,0	150	141	173
„	0.937	6,4	185	171	222
Rußland	0.909	6,4	203	185	239
Deutschland	0.921	4,5	178	170	213
„	0.932	11,5	228	202	258

Soll der Flammpunkt physikalisch richtig angegeben werden, so muß er korrigiert werden, da bei der Erhitzung im Tiegel das Quecksilber nur so weit ins Öl taucht, als es sich in der Thermometerkugel befindet, und der herausragende Quecksilberfaden von einer niedrigeren Temperatur umgeben ist, sich also weniger ausdehnen wird.

Die Flammpunkte, bei denen dieses berücksichtigt ist, fallen natürlich höher aus und sind als korrigierte Flammpunkte zu bezeichnen.

Eine allgemeine Vorschrift für die vorteilhafte Höhe des Flammpunktes läßt sich, wie wir sehen, nicht geben, die einzelnen Spezialöle verlangen verschiedene, die von Versuchslaboratorien und einzelnen Fabriken ausprobiert sind. Nur ist auf eins zu achten: Die Höhe eines Flammpunktes zeigt nicht immer die Güte eines Öles an. Es kann ein Öl mit hohem Flammpunkt im Gebrauch sich nicht bewähren, da es andere schlechte innere Eigenschaften hat. Es läßt sich eben nicht alles erreichen, hier ist die Qualität durch das Hochtreiben des Flammpunktes mittels der Konzentration schlechter geworden.

Der Zündpunkt.

Vom Flammpunkt zu unterscheiden ist der Zündpunkt. Er ist die Temperatur, bei der zuerst Selbstentzündung, wenn nicht anders erwähnt, in Luft bei Atmosphärendruck ohne Zuführung einer Flamme eintritt. Er kennzeichnet eine wichtige Eigenschaft eines jeden brennbaren Körpers. Er ist unabhängig vom Siedepunkt, der Verdampfung, dem Flamm- und Brennpunkt eines Körpers, hängt aber ab von der Höhe des Druckes, bei dem er bestimmt wird, und von der chemischen Natur des Öles. Öle mit ungesättigten Verbindungen zünden am niedrigsten. Bestimmt wird der Zündpunkt zweckmäßig im Apparat der Firma Krupp, der elektrisch geheizt wird und aus nichtrostendem Material hergestellt ist, außerdem gestattet, bei verschiedenen Drucken und Gasen, wie reinem Sauerstoffe, zu arbeiten. Dem Zündpunkt kommt eine besondere Bedeutung zu bei der Beurteilung flüssiger Brennstoffe und Schmiermittel in Dieselmotoren und Kompressoren. Bei ersteren kommt es darauf an, in dem Kompressionsraum eine solche

Temperatur zu erzeugen, daß eine sichere Zündung des Brennstoffes gewährleistet wird, während die Schmieröle, namentlich in den Kompressoren, nicht zur Entzündung gelangen sollen. Auch bei Verpuffungsmotoren darf die Kompressionstemperatur nicht zu hoch steigen, damit keine Vorzündungen eintreten.

Als Beispiel seien einige Zündpunkte angegeben:

	Sauerstoff	Luft
Petroleum	255° C	352° C
Paraffin.	257	315
Maschinenöl	260	380
Kompressoröl	260	400
Autoöl	262	425
Zylinderöl	320	420

Bei einer gewöhnlichen Mineralölanalyse wird der Zündpunkt nicht angegeben.

Die Farbe.

Bei einem Schmieröl muß man die Farbe in der Durchsicht und die in der Aufsicht unterscheiden. Letztere, die durch die Fluorescenz bedingt ist, ist meist blau oder grün mit Übergängen der beiden Farben ineinander. Beurteilen kann man sie entweder, indem man schräg auf ein Glas mit Öl sieht oder indem man einen Tropfen Öl auf schwarzes Wachstuch gibt. Bei letzterer Methode wird man oft mehr blaustichige Farben erhalten, da die gelbe Durchsichtsfarbe keinen Einfluß ausüben kann.

Oft will man die Fluorescenz fortbringen, das Öl entscheinen. Man erreicht dies durch Auflösen einer gelben Farbe, wie 0,3—0,6% Nitronaphthalin oder etwa 0,02% gelber öllöslicher Anilinfarbe, je nach dem Grade, wieweit das Entscheinen gewünscht wird. Zweckmäßig verfährt man derart, daß man den betreffenden Farbstoff in einer kleinen Menge Öl unter Erwärmen löst und diese Lösung zu der ganzen Menge des zu entscheinenden Öles gibt. So behandelte Öle dunkeln etwas nach, was nicht stattfindet, wenn die Entscheinung mit ultravioletten Strahlen erfolgt.

Die Bestimmung der Durchsichtsfarbe kann im Colorimeter ausgeführt werden, was zu empfehlen ist, wenn feine Unterschiede zwischen Ölen festgestellt werden sollen. Gewöhnlich beurteilt man die Farbe aber im Reagensglas von 15 mm Durchmesser. Maschinenöle können fast wasserhell, gelb, rötlich, hellrot, rot, dunkelrot und undurchsichtig sein. Im allgemeinen kann man die Regel aufstellen, daß die dünnflüssigeren Öle heller sind als die viscoseren von derselben Provenienz und derselben Raffinerie. Als Kennzeichen des Raffinationsgrades kann aber die Farbe nicht dienen, denn es gibt ganz vorzügliche hochraffinierte Öle, die eine rote Durchsichtsfarbe besitzen.

Von dunklen Dampfzylinderölen kann man im allgemeinen sagen, daß sie um so wertvoller sind, je heller sie sind. Die Bestimmung der Farbe bei diesen Ölen stößt auf Schwierigkeiten, da man sie nur in der Aufsicht betrachtet und die Tiefe der Farbe nur in großen Zügen mit der wahren Dunkelheit übereinstimmt und man die Farbennuancen, ob dunkelgrün, braungrün oder dunkelblaugrün, nicht richtig einreihen kann. Zwar hängt die dunkle Farbe im allgemeinen vom Asphaltgehalt ab, aber die Farbe ist nicht proportional dem Hart- oder Weichasphaltgehalt.

Bewährt hat sich eine Einteilung, die man erhält, wenn man das Öl mit Benzol soweit verdünnt, daß man in der Durchsicht bei 15 mm Schichtdicke ein dunkles Rot erhält. Man verdünnt genau einen Kubikzentimeter (geeignet ist ein Glas einer Laboratoriumszentrifuge) mit Benzol derartig, daß man die dunkelrote Durchsichtsfarbe erhält. Die dann erhaltene Gesamtmenge dient als Maßstab. Es ergaben sich Werte, die zwischen 5 und 100 lagen. Die Öle mit der Zahl über 60 sind als dunkel und minderwertig zu bezeichnen.

Die freie Säure.

Auf die Bestimmung der freien Säure ist bei besseren Ölen großer Wert zu legen. Sie ist nur ganz ausnahmsweise als Schwefelsäure, von der Raffination herrührend, vorhanden, sondern gewöhnlich in Gestalt von schwachen organischen, harzartigen Säuren. Man drückt den Gehalt an Säure, da deren Molekulargewicht schwankend ist, entweder als Säurezahl aus (SZ) oder in Prozenten Ölsäure. Weniger häufig gibt man ihn in Prozenten Schwefelsäureanhydrid (SO_3) an, nur sehr selten als Säuregrad. Maschinenöle mit höchstens 0,07 %, als Ölsäure berechnet, gelten im allgemeinen als säurefrei. Als Umrechnungsfaktor von einer zur anderen Skala kann gelten, daß die Säurezahl 14 mal so hoch ist wie der Prozentgehalt als SO_3 berechnet, daß der prozentuale Ölsäuregehalt 7,05 mal so hoch ist wie der Prozentgehalt als SO_3 berechnet, ferner daß der Säuregrad gleich 0,5616 der Säurezahl ist. Es ist demnach 1 % SO_3 = 14 SZ = 7,05 % Ölsäure.

Der Aschegehalt.

In der „Chemischen Umschau" (XXV, 2. 1918) schreibt *Marcusson*: „Von Mineralölen, die im Ringschmierlager oder überhaupt im Dauerbetrieb Verwendung finden sollen, verlangt man, daß sie seifenfrei sind, weil Seifen bei Gegenwart des fast nie ganz fernzuhaltenden Wassers zur Bildung von Emulsionen führen, die zu Betriebsstörungen Anlaß geben können."

Man kann den Seifengehalt im Laboratorium bestimmen, was etwas umständlich ist. Es ist auch möglich, ihn aus dem Aschegehalt zu berechnen, wenn feststeht, daß die anorganischen Bestandteile lediglich in Form von Seife vorliegen, und wenn das Molekulargewicht sowie die Basizität der Säure bekannt ist. *Marcusson* hat festgestellt, daß es genügt, unter Zugrundelegung eines mittleren Molekulargewichtes von 350 den Seifengehalt aus der Asche zu berechnen, indem man den Aschengehalt mit 5,2 multipliziert. Ein für Dauerbetrieb geeignetes Schmierölraffinat darf bis zu 0,02% Asche enthalten, Öle für Verbrennungsmotoren, Luftkompressoren u. dgl. nur 0,01%.

Der Asphaltgehalt.

Wesentlich zur Beurteilung eines Zylinderöles, namentlich eines Heißdampföles, ist der Gehalt an asphaltartigen Stoffen, auch Asphaltene genannt, die manchmal, wenn sie in größerer Menge vorhanden sind, zu den gefürchteten Rückständen führen können. Die dunkle Farbe der Zylinderöle und Maschinenöldestillate wird bedingt durch die im Öl befindlichen Stoffe asphaltartiger Natur, die sich wahrscheinlich aus den oxydierten hochmolekularen Kohlenwasserstoffen zusammensetzen. Da die Asphaltene hart und spröde sind, so könnten sie an und für sich schon die Schmierung ungünstig beeinflussen, weshalb man auf sie sein Hauptaugenmerk richten muß. Durch Erwärmung und Oxydation des Öles, wie es im Gebrauch geschieht, wird der Asphaltgehalt noch vermehrt. Der Asphalt ist demnach teilweise ein Oxydationsprodukt, ist aber teilweise auch ein Polymerisationsprodukt, da er sich durch langes Lagern und Belichtung vermehrt.

Es ist *Marcusson* (Chem.-Ztg. 20. 1927) gelungen, die Asphaltene ohne die Erdölharze quantitativ über die Eisenchloridverbindung auszuscheiden. Die anderen Verfahren mit Normalbenzin, Alkoholäther, Essigester, Butanon und Amylalkohol geben den wahren Asphaltgehalt nicht an, stimmen in ihren Resultaten auch nicht untereinander überein. Ebenfalls sind die gefällten Asphalte nicht gleichartig. Mit Alkoholäther gefällter Asphalt z. B. ist weich (Weichasphalt), der mit Benzin gefällte hart (Hartasphalt). Es werden bei den obenerwähnten vier letzten Methoden nicht nur Asphaltene, sondern auch Erdölharze und Kohlenwasserstoffe ausgeschieden. Asphaltene sind in Benzin schwer löslich, daher als harte Substanzen mit Benzin ausfällbar. Handelsbenzine haben nun einen verschiedenen Siedepunkt und verschiedenes spez. Gewicht. Ein leichtes Benzin fällt mehr Hartasphalt aus als ein schweres. Man hat sich daher zur Analyse auf ein Benzin von ganz bestimmten, festliegenden Eigenschaften geeinigt, das Normalbenzin (Hersteller C. A. F. Kahlbaum, Adlershof bei Berlin, E. Merck, Darmstadt), das aus einem Öl immer die gleiche Menge bei bestimmter Arbeitsweise ausfällt, und bestimmt mit diesem prozentual die Asphaltmenge. Auch muß man das Normalbenzin (5 g Öl in 200 g Normalbenzin) 24 Stunden lang auf das Öl einwirken lassen, da in kürzerer Zeit nicht alles ausgefällt wird. Daß es sich hier um eine Konventionsmethode handelt, mag folgende kleine Tabelle zeigen, welche den Einfluß der angewandten Menge Normalbenzin auf den abfiltrierten Asphalt zeigt.

Asphaltgehalt eines rumänischen Destillates Visc. 50 : 4,5.

Öl	Normalbenzin	ausgefällt	Hartasphalt %
1	: 40	,,	0,41
1	: 20	,,	0,41
1	: 10	,,	0,39
1	: 5	,,	0,34
1	: 1	,,	0,26

Wenn man auch eine gewisse Konstanz in den Ergebnissen findet, so ist diese Methode doch keine quantitative, da stets noch Asphalt im Öl zurückbleibt.

Aus dem Vorhergesagten ergibt sich, daß die Eisenchloridmethode höhere Werte ergibt als die Fällung mit Normalbenzin. Ein bestimmtes Verhältnis zwischen den Resultaten beider Methoden besteht nicht, man findet bei der Eisenchloridmethode etwa 3—7 mal soviel wie mit Normalbenzin.

Ist in nachfolgendem vom Hartasphalt gesprochen, so ist der mit Normalbenzin ausgefällte gemeint.

Oft geben gewissenlose Ölhändler den Asphaltgehalt an, der sofort nach Zugabe des Benzins abfiltriert werden kann, und täuschen so den Kunden; oder es wird nicht gesagt, daß man Hartasphalt ausgefällt hat, und man gibt ihn als Weichasphalt an, der in höherem Maße vorhanden sein darf. Gerade bei Zylinderölen wird viel gesündigt. Ein gutes Heißdampfzylinderöl für die höchsten Überhitzungen darf höchstens 0,2 % in Normalbenzin unlöslichen Asphalt besitzen, während er bei Sattdampfzylinderöl bis über das Doppelte als Höchstgrenze steigen darf.

Nun gibt es auch Öle, die anfangs einen verhältnismäßig geringen Asphaltgehalt haben, ihn aber vermehren, wenn sie im Betriebe gebraucht werden, da sie sich schnell oxydieren. Durch Untersuchung im Laboratorium sind diese Öle herauszufinden und auszuscheiden. Man oxydiert sie bei höheren Temperaturen mit durchgeleitetem Sauerstoff, wobei der Asphaltgehalt vermehrt wird. Öle, deren Asphaltgehalt hierbei stark zunimmt, sind als Heißdampfzylinderöle unbrauchbar, denn sie enthalten zuviel ungesättigte, also durch Erwärmung und Oxydation leicht angreifbare Kohlenwasserstoffe; als Sattdampfzylinderöle sind sie brauchbar. Zu dieser Art gehören viele Mid-Continent-Öle und deutsche Zylinderöle. Die folgende Zusammenstellung einiger Dampfzylinderöle mag die Verhältnisse klarlegen:

Hartasphaltgehalt von Zylinderölen.

Herkunft	Ohne Erhitzen %	Nach Erhitzen 5 St. 170° C unter Durchleiten von Sauerstoff %
Pennsylvanien	0,02	0,08
,, ...	0,08	0,13
,, ...	0,12	0,17
Mid-Continent	0,45	0,55
,, ...	0,16	0,37
,, ...	1,30	1,64
Deutschland	0,30	0,62
,, ...	0,50	0,85

Teerzahl und Verteerungszahl.

Ferner ist als wichtige Analysenzahl bei Schmierölen, die besonderen Zwecken dienen, die Teerzahl anzugeben. Sie zeigt, wieviel harzartige

Dampfturbinenöl.

	Teerzahl	Verteerungszahl 50 St. bei 120° C	Differenz
I	0,03	0,18	0,15
II	0,05	0,15	0,10

Teerzahl von Maschinenölraffinaten.

Herkunft	Viscosität bei 50° C	Teerzahl	
Pennsylvanien	2,5	0,07	
,, ...	3,1	0,10	
,, ...	4,4	0,13	
,, ...	4,9	0,10	
Rußland	3,1	0,12	
,, ...	6,4	0,17	
Rumänien	6,6	0,23	
Mid-Continent	2,0	0,18	
,, ...	4,5	0,21	
,, ...	9,3	0,25	
,, ...	3,0	0,49	schlecht raffiniert
,, ...	11,5	0,43	,, ,,
Deutschland	4,5	0,25	
,, ...	6,4	0,29	
,, ...	6,9	0,54	schlecht raffiniert
Polen	4,5	0,28	

Bestandteile in einem Öle vorhanden sind, wenn man es mit einer alkoholischen Lauge bestimmter Konzentration behandelt, das Gelöste durch Ansäuern ausscheidet und in Benzol aufnimmt. Nach dem Entfernen des Benzols hinterbleibt ein oft klebrig zäher, oft harzartig harter Rückstand. Wendet man dasselbe Verfahren an, nachdem man das Öl einer im folgenden angegebenen Behandlung unterworfen hat, sei es einer Erhitzung während 50 Stunden auf 120 oder 150° C, mit oder ohne Durchleiten von Sauerstoff oder Verwendung von Oxydationsmitteln, so erhält man die Verteerungszahl. Bei dieser ist demnach stets die Art der Vorbehandlung anzugeben. Namentlich bei der Güteprüfung von Dampfturbinen- und Transformatorenöl wird diese Art angewandt. Das Öl ist um so widerstandsfähiger gegen äußere Einflüsse, je niedriger die Teerzahl und je geringer die Spanne zwischen Teerzahl und Verteerungszahl ist. In dem vorstehenden Beispiel ist das Öl II qualitativ besser als I, weil die Teerzahl beider Öle nicht hoch und die Differenz bei Öl II kleiner ist.

Die Klebrigkeit.

In gewissem Zusammenhang mit dem Vorhandensein und der Bildung der harzartigen Bestandteile scheint die sog. Klebrigkeit zu stehen. Sie findet sich bei nicht gut raffinierten und nicht vollkommen ausgewaschenen Maschinenölen, ferner bei minderwertigen Zylinderölen. Eine exakte Bestimmungsmethode der Klebrigkeit gibt es nicht. Man hat versucht, sie durch aufeinanderliegende Glasplatten zu bestimmen, aber einfacher ist es, etwas Öl zwischen die Finger zu nehmen, zu verreiben und auseinander zu ziehen. Hat man einen gewissen Widerstand und hört man hierbei ein Geräusch, so sind die Öle klebrig. Auch sollen Maschinenöle keine Fäden ziehen, sondern zwei Tropfen, die erst zusammengebracht und dann voneinander entfernt werden, sollen kurz abreißen.

Der Stockpunkt.

Wie alle Flüssigkeiten haben auch die Mineralöle die Eigenschaft, bei genügend tiefen Temperaturen in den festen Zustand überzugehen. Dieser Übergang vollzieht sich nicht bei einer bestimmten scharf begrenzten Temperatur, sondern er besteht in einer bei fallender Temperatur fortwährend zunehmenden Verdickung. Dieses Verhalten ist darauf zurückzuführen, daß die Öle keine chemisch einfach definierten Flüssigkeiten sind, sondern aus der Mischung einer großen Anzahl verschiedener Kohlenwasserstoffe bestehen, deren Gefrierpunkte weit auseinander liegen. Die einfachste Prüfung besteht in der bloßen Beobachtung des gekühlten Versuchsöles im Reagensglas, wobei dessen Verhalten in bezug auf Tropfbarkeit sirupartiger, salbenartiger, wachsartiger, talgartiger Konsistenz notiert wird.

Die Temperatur, bei der das Öl beim Schräghalten des Reagensglases sich nicht mehr bewegt, heißt der Stockpunkt. Zum Kühlen kann man Lösungen nehmen, die durch eine Eis-Kochsalzmischung gekühlt werden oder auch, eine in neuerer Zeit viel angewandte Methode, die Kälte durch Ätherverdampfung hervorbringen.

Auf den Stockpunkt wird Wert gelegt, da viele Maschinen im Kalten laufen und die Öle ihren tropfbaren Zustand beibehalten müssen.

Im allgemeinen kann man sagen, daß Spindel- und Maschinenöle aus den östlichen Staaten Nordamerikas, Polen und Deutschland nicht kältebeständig, Öle aus den westlichen Staaten Nordamerikas, Rußland und Rumänien kältebeständig sind. Unter der Bezeichnung kältebeständig wird verstanden, daß der Stockpunkt mindestens 3° C unter dem Nullpunkt liegt.

Analysendaten bei Ölmischungen.

Während praktisch beim Vermischen zweier Öle die einzelnen Eigenschaften, die durch die Analysenzahlen festgelegt sind, sich addieren oder das arithmetische Mittel ergeben, ist es beim Flammpunkt und der Viscosität nicht der Fall.

Der Flammpunkt wird stets niedriger gefunden, als dem Mittel zukommt, was seinen Grund darin hat, daß das Öl wie bei der Destillation erwärmt wird und zuerst die niedrig siedenden Anteile heraustreten, die ein früheres Aufflammen bewirken.

Als Beispiel sei folgende kleine Tabelle angeführt, bei der allerdings extreme Öle zusammengemischt sind:

Öl I	100%	75%	50%	25%	0%
Öl II	0%	25%	50%	75%	100%
Flammpunkt	210°	182°	173°	168°	160° C
Das arithmetische Mittel wäre	210°	197,5°	185°	172,5°	160° C

Bei der Viscosität ist es ähnlich. Auch hier wirkt das dünnflüssigere Öl mehr ein und „reißt die Viscosität herunter".

I. Pennsylv. . . . 50: 1,8	100%	75%	50%	25%	0%
II. Texas 50:14,8	0%	25%	50%	75%	100%
Viscosität bei 50° C	1,8	3,0	4,5	8,1	14,8
Das arithmetische Mittel wäre	1,8	5,2	8,3	11,6	14,8
I. Maschinenöl . . 50: 5,2	100%	75%	50%	25%	0%
II. Hell. Zylinderöl . 50:30,0	0%	25%	50%	75%	100%
Viscosität bei 50° C	5,2	7,8	11,6	17,0	30,0
Das arithmetische Mittel wäre	5,2	11,4	17,6	23,8	30,0

Aus diesen Zusammenstellungen geht hervor, daß die Viscositäten bei Mischölen sehr stark von der geraden Verbindungslinie der beiden Komponenten abweichen. Nimmt man weniger extreme Öle, so nähert sich die Kurve mehr der Geraden.

I. Pennsylv. . . . 50:4,5	100%	75%	50%	25%	0%
II. „ . . . 50:6,8	0%	25%	50%	75%	100%
Viscosität bei 50° C	4,5	4,8	5,4	6,0	6,8
Das arithmetische Mittel wäre	4,5	5,1	5,65	6,2	6,8

Es folgt daraus, daß man keine extremen Öle zusammengeben soll, wenn nicht, wie oft bei Mischungen von Zylinder- und Maschinenölen, ein besonderer Zweck damit verbunden ist.

Der Öleinkauf.

Leider ist es bei den Verbrauchern üblich, Öle nach Analyse zu kaufen; man verlangt die Angabe des Flammpunktes, der möglichst hoch sein muß, der Viscosität, des spezifischen Gewichtes und der Farbe, ohne Wert auf die inneren Eigenschaften zu legen. Wie selten wird z. B. die Angabe des Aschengehaltes oder der Herkunft des Öles verlangt. Aus den wenigen Analysenzahlen sehen die Verbraucher nicht, ob das Öl geeignet ist, zumal ein Öl mit niedrigeren Zahlen sich ebenfalls bewähren oder sogar besser sein kann. Eine vollständige Analyse verstehen die meisten Verbraucher, ja selbst Ölhändler gar nicht auszuwerten. Wenn die von Ölhändlern gegebenen Zahlen wenigstens noch stimmen würden, ginge es noch, da diese Zahlen Glieder in der Kette der Analysendaten sind, aber leider gibt es gewissenlose Elemente, die im Vertrauen darauf, daß das Öl nicht untersucht wird, direkt falsche Angaben machen und den Kunden täuschen. So wird z. B. „versehentlich" statt des Flammpunktes der Brennpunkt angegeben.

Um die Abhängigkeit von dem Gutdünken des Ölhändlers auszuschalten, oder weil man die von verschiedenen Firmen gegebenen Analysendaten, die von einander differieren, nicht zu vergleichen versteht, werden von vielen Verbrauchern bei der Ausschreibung ihres Bedarfes die Analysendaten festgelegt, wobei meist die Teste eines Öles zugrunde gelegt werden, das sich einmal im Betriebe bewährt hat. Oft werden aber aus zwei oder mehreren Analysen einzelne Angaben entnommen, und es wird dann ein Öl verlangt, das es überhaupt nicht gibt und auch nicht aus Ölen verschiedener Herkunft zusammengestellt werden kann. Man kann da die unglaublichsten Dinge erleben. Der Öllieferant ist dann gezwungen, sich die maßgebenden Analysenzahlen auszusuchen, und liefert ein Öl, das ungefähr nach seiner Meinung den Ansprüchen genügen dürfte. Weil die Verbraucher wissen, daß sie mit den Analysenzahlen, namentlich, wenn diese von dem früher bezogenen Öl, das sich bewährt hatte, abweichen sollten, nichts anfangen können, verlangen sie Muster. In der Regel erhalten sie ein Fläschchen von 10 g Inhalt. Was wird mit diesen Mustern gemacht, die so klein sind, daß von einem Ausprobieren im Betriebe gar nicht gesprochen werden kann, und dessen Analysenzahlen auch nur teilweise genau feststellbar sind? Man hält das Fläschchen gegen das Licht, betrachtet das Öl also in der Durchsicht, meist ohne sich zu vergewissern, wie groß die Dicke der Ölschicht und des Glases ist, dann hält man die Flasche schräg und läßt die Luftblase nach oben steigen, aus deren Geschwindigkeit man sich von der Zähigkeit des Öles ein Bild zu machen glaubt. Nun ist aber die Viscosität abhängig von der Temperatur; es macht also einen Unterschied, ob man das Öl an kalten Tagen oder im Sommer prüft, ob man es in der Hand oder in der Tasche getragen hat, die Viscosität ist immer verschieden. Ferner sollte man bedenken, daß die Viscositätsangaben bei 50° C gemacht werden, während man hier, sagen wir bei 20° C, prüft und das Verhältnis der Viscositäten von 50 zu 20° C bei den verschiedenen Ölen nicht das gleiche ist, denn Herkunft und Kältebeständigkeit üben ihren Einfluß aus.

Aus dieser Probe ist also nicht viel zu sehen. Viele Leute wollen sich auf eine andere Weise ein Bild von der Viscosität, die sie dann allerdings meist Adhäsionsfähigkeit oder Schlüpfrigkeit nennen, dadurch machen, daß sie einen Tropfen Öl zwischen den Fingern zerreiben. Der praktische Erfolg ist Null. Durch Riechen an dem in der Hand verriebenen Öl kann man zwar Zusätze von fetten Ölen, Teeröl u. dgl. erkennen; das ist aber auch alles.

Die Farbe des Öles spielt, wie bereits erwähnt, nicht immer eine Rolle. Oft sind die in der Durchsicht dunkleren Öle besser in Qualität als helle von gleicher Viscosität. Der Satz: „Je heller das Öl, desto besser ist es“, wird meist zutreffen, braucht es aber nicht.

Welche Abweichungen sind nun, wenn nach analytischen Zahlen ein Öl verkauft ist, zugelassen? Man gebe bei Angabe der analytischen Teste einen Spielraum, z. B. verlange man Viscosität bei 50° C 3,5 bis 4,0 oder Viscosität bei 100° C 4,5—4,9. Dann muß der Test des gelieferten Öles innerhalb dieses Intervalles liegen. Gibt man aber an: Viscosität bei 50° C etwa 3,5 oder Viscosität bei 100° C etwa 4,5, so kann auch ein Öl unter 3,5 bzw. 4,5 geliefert werden, und der Streit um die Größe der Differenz beginnt. Angaben wie Viscosität bei 50° C etwa 3,5—4,0, wie man sie lesen kann, sind natürlich vollkommen widersinnig. Die Abweichungen im *Engler*schen Viscosimeter betragen bis 2% auf verschiedenen Apparaten. Eine derartige Abweichung wäre also nicht zu beanstanden.

Um einer Mängelrüge wegen zu niedrigen Flammpunktes vorzubeugen, sollte bei Anfragen ein Mindestflammpunkt verlangt werden. Die Angaben im Angebot sollten mit 5—10° C Spielraum gemacht und der Apparat (ob offener Tiegel nach *Marcusson* oder geschlossener Tiegel nach *Pensky-Martens*) genau angegeben werden. Auch lasse man sich, damit keine Verwechslung vorkommen kann, den Brennpunkt des Öles nennen, ohne seine Höhe aber vorzuschreiben. Ferner ist anzugeben, ob der Flammpunkt korrigiert oder unkorrigiert gewünscht wird. Ist der Flammpunkt in einer einzigen Zahl ohne Spielraum angegeben, so sind 2° über und unter der Zahl zuzulassen. Außerdem lasse man sich das Land nennen, aus dem das Öl stammt, oder angeben, ob es eine Mischung von Ölen verschiedener Provenienz ist, wobei das Wort „amerikanisch" gar nichts sagt, da man in den Vereinigten Staaten mit zwei verschiedenen Grundtypen von Ölen zu tun hat, die ganz verschieden sind. Das spez. Gewicht und den Kältepunkt schreibe man nur vor, wenn es auf diese Teste besonders ankommt, verlange sie aber bei jedem Öl, da sie eine gewisse Kontrolle über die Herkunft zulassen.

Anfrage und Angebot müßten etwa so aussehen:

	Anfrage:	Angebot:
Spez. Gew. bei 15° C	ist anzugeben	0,905—0,910
Flammpunkt i. o. T. unkorr.	mindestens 210° C	210—220° C
Brennpunkt	ist anzugeben	245—265° C
Viscosität bei 50° C	10,0—10,5	10,0—10,5
Freie Säure, als Ölsäure ber. %	höchstens 0,07	0,05—0,07
Hartasphalt %	muß fehlen	fehlt
Teerzahl %	höchstens 0,25	0,20—0,25
Kältepunkt	mindestens —5° C	—5 bis —7° C
Farbe in der Aufsicht	ist anzugeben	grün
Farbe in der Durchsicht 15 mm	ist anzugeben	hellrot
Hergestellt aus Ölen	ist anzugeben	russisch + hell. pennsylv. Zyl.-Öl

Hat man nach verbindlichem Muster gekauft, von dem sich wegen seiner Kleinheit keine genaue Analyse machen läßt, so kann man sehr gut die Identität des Musters mit dem gelieferten Öl durch den Brechungsexponenten nachweisen.

Weiß man nicht genau, welches Öl für eine bestimmte Maschine am vorteilhaftesten zu verwenden ist, so ist es praktisch, sie dem Öllieferanten zu nennen und nähere Angaben zu machen, z. B. Atmosphärendruck des Dampfes, Überhitzung des Dampfes am Überhitzer, Länge der Dampfleitung bis zur Maschine, Art der Steuerung oder bei anderen Maschinen Lagerdruck, Umdrehungsgeschwindigkeit, PS-Zahl usw. Auf welche Teste es im besonderen ankommt, ist aus dem Nachfolgenden zu ersehen, wenn die verschiedenen Öle besprochen werden.

Man gebe ein möglichst genaues Bild, mache lieber zu viel als zu wenig Angaben. Der Lieferant wird dann das richtige Öl empfehlen.

Will man ein gleiches Öl, wie bisher gehabt, von einem anderen Lieferanten beziehen, überreiche man diesem zur Untersuchung ein Muster von mindestens 300 g Öl, da mit weniger keine genaue Analyse gemacht werden kann. Ferner gebe man an, für welche Maschine das Öl gebraucht werden soll.

Was nun die Preise der Öle betrifft, so sind direkte Zahlen nicht anzugeben, da diese schwanken, aber sowohl für den Einkäufer als den Betriebsmann mag es zweckmäßig sein, wenn man die Öle nach ihrem Wert zueinander ordnet. Bekanntlich will der für den technischen Teil des Betriebes Verantwortliche wegen der Sicherheit seiner

Maschinen stets das beste Öl verwenden, während der Kaufmann immer versucht, billig zu kaufen. Es sind, um die Auswahl zu erleichtern, bei der späteren Besprechung einzelner Ölsorten Hinweise über Herkunft, Viscosität usw. gegeben.

Die Preise für Spindel- und Maschinenöle richten sich nach verschiedenen Punkten:

1. Das spezifische Gewicht. Dieses hat an und für sich mit dem Preise nichts zu tun, nur zeigt es manchmal, wenn das Öl unvermischt ist, woher es stammen kann (Tabelle S. 39). Mineralöle sind bedeutend besser als Teerfett- und Braunkohlenöle mit ihrem hohen spez. Gewicht.

2. Die Viscosität. Der Preis des Öles steigt, gleiche Herkunft und Raffination vorausgesetzt, mit der Viscosität, d. h. z. B., ein Texasöl mit der Viscosität 4,5 bei 50° C ist billiger als ein solches mit 6,5 bei 50° C.

3. Die Farbe. Bei gleicher Herkunft und Viscosität steht das hellere Öl meist höher im Preise, da es besser raffiniert ist. Ferner wird ein in der Aufsicht grünes Öl öfter in Qualität besser und naturgemäß im Preise höher sein als ein blau oder grau aussehendes, da bei vielen grünen Ölen helles Dampfzylinderöl verarbeitet ist, das dem Öl einen guten Schmierwert verleiht. Auch sehen viele gute pennsylvanische Öle ohne Zylinderölzusatz schon bei der verhältnismäßig niedrigen Viscosität von 4,5 grün aus.

4. Die Herkunft. Bei gleicher Viscosität kann man im allgemeinen sagen, daß die Güte der Mineralöle in folgender Weise zunimmt:

Spindelöle.	Maschinenöle.
1. Deutschland.	1. Polen.
2. Mid-Continent, Kalifornien.	2. Deutschland.
3. Polen.	3. Mid-Continent, Kalifornien.
4. Rumänien.	4. Rumänien.
5. Rußland.	5. Rußland.
6. Pennsylvanien.	6. Pennsylvanien.

Zur Charakteristik der hauptsächlichsten raffinierten Spindel- und Maschinenöle nach ihrer Herkunft sei Seite 39 die Tabelle, die das spez. Gewicht bei 15° C und die Viscosität bei 50° C angibt, aufgestellt:

Bei Dampfzylinderölen richten sich die Preise nach folgenden Punkten:

1. Das spezifische Gewicht. Dieses hat hier eine große Bedeutung, da bei den am meisten gehandelten amerikanischen Sorten Öle mit niedrigem spez. Gewicht bedeutend besser sind als solche mit hohem. Reines pennsylvanisches Öl hat höchstens ein spez. Gewicht von 0,911 bei 15° C.

2. Die Viscosität. Die Viscosität spielt bei der Preisgestaltung nicht die Rolle wie bei den Maschinenölen, wohl aber das Fließvermögen bei

Spez. Gew. bei 15° C ×1000	Amerikanisch			Mid-Continent	Polen	Rußland	Rumänien	Deutschland
	Ost.	Ost.	Californien					
830—840	1,2—1,3							
841—850	1,2—1,5							
851—860	1,6—2,3							
861—870	2,4—3,1							
871—880	3,1—3,2	4,0—4,8						
881—885	3,1—3,2	4,0—4,8			1,6—1,8	1,8—2,0		
886—889	3,1—4,7	2,0—2,2	1,5—1,7		1,9—2,1			
890—895	3,3—4,7	1,9—3,1	1,6—1,9		2,0—2,5	2,0—2,9	1,6—1,8	
896—900	3,5—4,7	1,9—3,9	1,8—2,2		2,6—2,9	3,0—4,5		1,7
901—905	4,0—4,8	2,6—3,9	2,0—2,8		3,2—3,5	3,5—6,0		
906—910	5,0—6,4	3,6—4,7	2,6—3,5	1,7—2,1	3,6—5,1	6,0—6,8 9,2—11,0		
911—916	6,5—7,0	4,0—4,7	3,2—4,0	1,8—2,2	4,2—5,3	6,4—6,6 9,2—14,0		2,8—3,5
917—920	6,6—7,0			1,9—2,4	5,5—6,3		2,5—2,8	3,4—3,9
921—925			3,2—4,0	2,6—3,1	6,3—6,8		4,0—4,5 6,4—6,7	
926—930			3,3—4,3	2,6—3,1			4,0—4,5 6,5—6,7	5,8—6,5
931—935				3,0—4,7			4,5—5,2	7,5—11,5
936—940			3,0—4,0 5,2—6,1	4,8—7,0				
941—945			4,3—4,7 5,8—6,7	6,3 15,0				
946—950			6,6—7,1	10,0—15,0				
951—955			7,2—7,8	13,0—16,0				
956—960			14,0	26,0				

normaler Temperatur. Ein flüssiges Öl ist besser in Qualität als ein festeres, namentlich wenn die Viscosität bei 100° C die gleiche ist.

3. Der Flammpunkt. Wesentlich für die Höhe des Preises ist der Flammpunkt. Je höher er liegt, desto teurer darf das Öl sein. Es ist natürlich unnötig, ein Öl mit höherem Flammpunkt zu nehmen, als der Betrieb erfordert.

4. Die Farbe. Je heller das Öl aussieht, desto besser ist es in Qualität und desto teurer darf es sein.

5. Der Asphaltgehalt. Ein Öl mit geringem Asphaltgehalt ist besser und teurer als ein sonst gleiches mit höherem.

6. Die Herkunft. Die Güte nimmt im allgemeinen in nachstehender Reihenfolge zu:

1. Polen.
2. Deutschland.
3. Rumänien.
4. Mid-Continent.
5. Rußland.
6. Pennsylvanien.

Mischungen von Mineralölen mit fetten Ölen erhöhen den Preis bedeutend gegenüber reinen Mineralölen derselben Viscosität, ebenfalls ist es berechtigt, für Mischungen von Maschinenöl mit hellem Dampfzylinderöl höhere Preise zu fordern als für reine Maschinenöle gleicher Viscosität.

Die Spezialöle, die von vielen Firmen angeboten werden, sind oft Mischungen verschiedener Öle untereinander und sind so zusammengestellt, daß bestimmte gute Eigenschaften der einzelnen Sorten mehr herausgearbeitet werden und zur Geltung kommen. In diesem Falle ist ein höherer Preis gerechtfertigt. Werden aber, wie man es manchmal sehen kann, einfache Maschinen- und Zylinderöle als Spezialöle zu hohen Preisen abgegeben, so ist dieses Verfahren nicht zu vertreten. Das ist natürlich für den Einkäufer schwer zu entscheiden, hier kann nur die umfassende Analyse Auskunft geben.

Der Schmiervorgang.

Bis jetzt war nur von Schmierölen die Rede, ohne daß man sich klargemacht hat, was eigentlich durch die Schmierung bewirkt werden soll.

Gleiten zwei feste Körper aufeinander, so muß ein Widerstand überwunden werden, der zum größten Teil durch die Unebenheiten der Fläche hervorgerufen wird. Es ist einleuchtend, daß die Reibung davon abhängig ist, ob die Oberfläche glatt oder rauh ist, außerdem hängt sie ab von dem Material, aus dem die gleitenden Körper bestehen. Je größer der Druck der beiden Körper aufeinander ist, um so größer ist auch die Reibung. Ferner ist die Adhäsion der Flächen bei der Messung der Reibung nicht zu vernachlässigen.

Den Vorgang des Schmierens muß man sich so vorstellen, daß zwischen zwei gleitende Flächen eine Flüssigkeit gebracht wird, welche die unmittelbare Berührung beider Flächen verhindert, die Unebenheiten ausfüllt und dadurch die trockene Reibung und Adhäsion der Flächen unmöglich macht. Im Schmiermittel, einer Flüssigkeit, sind die Teile leicht gegeneinander verschiebbar, und ihr Widerstand, den man innere Reibung nennt, ist es, der bei den geschmierten Maschinen überwunden werden muß. Dünnflüssige Öle haben naturgemäß eine geringe innere Reibung, so daß man sie, um Kraft zu sparen, vorziehen müßte, doch stehen ihrer Verwendung in vielen Fällen technische Schwierigkeiten entgegen. Ferner hat Öl die Eigenschaft, Eisen, Bronze u. dgl. zu benetzen. Diese Adhäsionsfähigkeit ist so groß, daß auch durch starken Druck kaum alles Öl zwischen zwei Berührungsflächen herausgepreßt werden kann. Das Metall überzieht sich, wie man sagt, mit einem Ölfilm. Dieses hat seinen Grund auch wieder darin, daß die Zähflüssigkeit eines Schmiermittels mit dem Druck zunimmt. Bei guten Maschinen ist die Filmschmierung gesichert, d. h., daß ein richtig gelagerter Zapfen von seinem Lager durch ein Ölhäutchen getrennt ist. Man unterscheidet zwei Arten der Reibung, die beim Betrieb der Maschinen zu überwinden sind:

1. Die innere Reibung der Flüssigkeit.

2. Die äußere Reibung, die zwischen der Flüssigkeit und den angrenzenden Wänden stattfindet.

Nach Versuchen von *Ubbelohde* (Petr. VII, 773, 882) ist die äußere Reibung bei Bewertung der Schmierfähigkeit außer Betracht zu lassen, weil das Öl in der das Metall berührenden Schicht an diesem so fest haftet, daß es nicht mit in der Richtung der Welle bewegt wird wie das weiter zur Mitte liegende Öl. Es ist demnach die Bewegung des Öles im Lager einem Fluß zu vergleichen, bei welchem das Wasser ebenfalls am Boden und an den Ufern langsamer läuft als in der Mitte. Ferner kommt noch ein anderer Faktor hinzu: die Capillarität. Es ist die Kraft, die eine benetzende Flüssigkeit stets in die engsten Stellen zwischen feste Körper treibt und sie mit der Flüssigkeit ausfüllt.

Um sich einen Begriff von der Adhäsion von Flüssigkeiten an Metall zu machen, beobachte man einmal, wie z. B. Quecksilber oder Wasser auf einer gereinigten trockenen und polierten Glas- bzw. Metallfläche sich verhält. Ein Tropfen Quecksilber auf Glas bildet eine Kugel, Wasser auf Metall eine Halbkugel. Diese wird flacher bei Verwendung von Seifenwasser, ganz flach bei Verwendung von Öl. Auf die Viscosität kommt es hierbei nicht an, weil viscose Flüssigkeiten, wie z. B. Glycerin, sich analog dem Wasser verhalten. Es muß also noch etwas hinzukommen, um eine Flüssigkeit zu einem Schmiermittel zu machen. Man hat es in der Oberflächenspannung gefunden. Man kann diese direkt oder indirekt messen, wenn man den Winkel feststellt, den ein Tropfen Flüssigkeit mit der Metallplatte, die als Auflage dient, bildet. Je kleiner dieser Winkel ist, desto geringer ist auch die Oberflächenspannung; und ein um so besseres Schmiermittel liegt vor, je kleiner der Randwinkel ist. Bei guten Ölen beträgt dieser 20—30°, bei schlechten 40° und darüber. Man hat Apparate konstruiert, um diesen Randwinkel zu messen. Es ergab sich, daß fette Öle einen kleineren Randwinkel als Mineralöle aufweisen. Sie sind also besser in der Schmierwirkung als diese, was die Praxis bestätigt. Nach *Wells* und *Southcombe* (Journ. Soc. Chem. Ind. 39. 1920) besitzen neutrale Glyceride eine ähnliche Oberflächenspannung wie Mineralöle. Es ist die Fettsäure, die die günstigere Schmierwirkung hervorruft. Die Übertragung dieser Tatsache auf die Mineralöle zeigte, daß diese durch einen geringen Zusatz von Fettsäure ihre Oberflächenspannung verändern und die Schmierleistung vergrößert wird. Ebenfalls sind die paraffinarmen russischen Maschinenöle schmierfähiger als die paraffinhaltigen pennsylvanischen. Dr. *v. Dallwitz-Wegener* (Petr. 1923, 1247) hat zahlreiche Versuche über die Bestimmung des Randwinkels und die Benetzbarkeit gemacht und den Begriff der „Schmierergiebigkeit" eingeführt. Dieses ist die gerade notwendige Ölmenge, um eine ordnungsgemäße Schmierung einer Maschine zu gewährleisten. Naturgemäß hat die Schmierergiebigkeit nur für solche Maschinen Bedeutung, die nicht wie Ringschmierlager mit Umlaufschmierung betrieben werden können. Für die Schmierergiebigkeit eines Öles sind seine Adhäsionseigenschaften und auch seine capillaren Beziehungen zum Lagermetall maßgebend, denn sie hängt von der Kraft ab, mit welcher ein Ölfilm von der Oberfläche des Lagermetalles gehalten wird, oder, mit anderen Worten, von der Haftfähigkeit und Unzerreißbarkeit dieses Filmes. Je geringer die Oberflächenspannung eines Öles ist, desto größer wird auch die Schmierergiebigkeit sein. „Man hat ermittelt, daß man in der Wahl der in Frage kommenden Öle aus Sicherheitsgründen meistens zu schwere, bzw. solche mit zu großer Zähflüssigkeit verwendete, um eine Berührung der Metalle, der Achse und des Lagers und daraus resultierende Zerstörung der Reibflächen durch Heißlauf zu verhüten, und daß man in der Mehrzahl der in Frage kommenden Fälle mit ganz leichtflüssigen Raffinaten, z. B. amerikanischem Spindelöl, sehr gute Erfolge hatte."

Will man das Öl kennenlernen, welches sich für eine bestimmte Maschine am besten eignet, so kommt man mit einem praktischen Versuch an der Maschine durch Messung der Temperaturerhöhung und des Kraftverbrauches mittels eines Dynamometers am weitesten, denn kein Öl kann im chemischen Laboratorium unter den bestimmten Bedingungen, wie sie für eine gegebene Maschine gerade vorliegen, untersucht werden. Aus diesem Grunde sind alle Ölprüfmaschinen zu verwerfen. Sie zeigen wohl an, welches Öl unter den Bedingungen, unter denen diese Maschine gerade arbeitet, das beste ist, aber nicht, welches überhaupt das beste für eine bestimmte Maschine ist, da dort ganz andere Voraussetzungen herrschen, die bei keiner Ölprüfmaschine mit noch so veranderlichen Einstellungsmöglichkeiten gegeben sind. Das Öl verändert sich im Gebrauch. Man muß also ein möglichst indifferentes Öl nehmen. Destillate und schlecht raffinierte Öle, von den Teerfettölen ganz zu schweigen, enthalten, wie wir sehen, verhältnismäßig viel asphalt- und harzartige Stoffe, die zur Zersetzung Anlaß geben, das Öl klebrig machen, die innere Reibung stark vergrößern oder sogar Rückstände liefern, so daß sie z. B. für Umlauf-, Ring- und Turbinenschmierung so ungeeignet sind, daß sie nicht einmal in der Kriegszeit für diese Zwecke genommen wurden. Raffinate neigen, obwohl in ihnen noch einige zehntel Prozente harzartiger Stoffe nachweisbar sind, viel weniger zu obigen Mißständen. Es kann daher nicht nur eine Art Maschinenöl geben, sondern wenn man alle Faktoren, die auf das Öl einwirken, berücksichtigt, haben die besonderen Typen ihre Berechtigung, da sie sich gerade für einen bestimmten Zweck bewährt haben, für einen anderen aber vielleicht ganz unbrauchbar sind.

Demnach muß man an ein Schmieröl die Forderung stellen, daß es möglichst unveränderlich ist gegenüber den Einwirkungen der Luft, gegen Druck- und Temperaturerhöhung, evtl. gegen Dampf und Wasser.

Folgende kleine Tabelle mag zeigen, daß sich raffinierte Maschinenöle beim Erhitzen ganz verschieden verhalten. Die Öle wurden 5 Stunden lang auf 200° C erhitzt, wobei starker Verdampfungsverlust eintritt und sich Asphalt bildet. Dieser wurde als Hartasphalt mit Normalbenzin bestimmt.

Herkunft	Visc. bei 50° C	Flpkt. i. o. T. °C	Hartasphalt % vor dem Erhitzen	Hartasphalt % nach dem Erhitzen	Verdampfungs- verlust %
Pennsylvanisch	6,6	225	—	0,05	1,5
Rumänisch	6,4	203	—	0,38	10,5
Russisch	6,5	207	—	0,10	15,0
Texas	6,4	190	—	0,40	19,2
Pennsylvanisch	3,2	210	—	0,16	9,1
Rumänisch	3,1	194	—	0,38	35,0
Russisch	3,1	193	—	0,13	27,2
Texas	3,2	170	—	0,55	28,0
Galizisch	3,2	195	—	0,27	11,5

Die Verhältnisse ändern sich nur qualitativ, wenn man, um gleiche Bedingungen zu schaffen, die Erhitzung bei der Temperatur des Flammpunktes vornimmt.

Herkunft	Visc. bei 50° C	Flpkt. i. o. T. °C	Hartasphalt % vor dem Erhitzen	Hartasphalt % nach dem Erhitzen	Verdampfungs- verlust %
Pennsylvanisch	6,6	225	—	0,12	8,5
Rumänisch	6,4	203	—	0,39	10,8
Russisch	6,5	207	—	0,13	16,7
Texas	6,4	190	—	0,39	15,0
Pennsylvanisch	3,2	210	—	0,17	12,0
Rumänisch	3,1	194	—	0,32	32,2
Russisch	3,1	193	—	0,09	26,5
Texas	3,2	170	—	0,42	19,2
Galizisch	3,2	195	—	0,21	10,2

Das Öl darf auch in dünner Schicht nicht eintrocknen, verharzen, verdunsten oder sich zersetzen. Pflanzliche und tierische Öle (fette Öle), die an sich eine gute Schmierfähigkeit haben, sind nicht besonders vorteilhaft in der Verwendung, da sie zum Teil trocknen, ferner auch durch heißen Wasserdampf Zersetzung in die Spaltungsprodukte Fettsäure und Glycerin erleiden, von denen das erste die Metalle unter Bildung von Eisen- und Metallseifen angreift. Fast immer bleiben in fetten Ölen Schleimstoffe, herrührend vom Zellgewebe der Pflanzen und Tiere, zurück, die die Veranlassung sind, daß die Öldochte und Gleitflächen verharzen. Mineralöle unterscheiden sich von den fetten Ölen in chemischer Hinsicht dadurch, daß sie aus Kohlenwasserstoffen bestehen, also keinen Sauerstoff enthalten und nicht in andere Substanzen gespalten werden können. Wie wir sahen, werden die Destillate aus dem Rohpetroleum der Raffination unterworfen, wodurch die zur

Zersetzung neigenden Anteile entfernt, die Öle also widerstandsfähiger werden. Unraffinierte Destillate oxydieren sich an der Luft, namentlich wenn sie warm werden, viel schneller als Raffinate, denn der Widerstand eines Erdöles gegen Sauerstoff ist im allgemeinen um so größer, je gründlicher es raffiniert worden ist, wobei hauptsächlich die ungesättigten Kohlenwasserstoffe entfernt worden sind.

Die Schmierfähigkeit hängt mit der chemischen Konstitution des Öles zusammen, insbesondere mit dem Vorkommen ungesättigter Verbindungen. Aber gerade diese sind es, die ein Öl unbeständig machen, weshalb man sie durch die Raffination zu entfernen sucht. Einerseits sind demnach die ungesättigten Verbindungen erwünscht, da ein vollständig ausraffiniertes Öl in der Schmierfähigkeit Einbuße erleidet, andererseits müssen sie entfernt werden, um das Öl widerstandsfähiger zu machen. Man befindet sich also in einer Zwickmühle und hilft sich dadurch, daß man einen großen Teil der ungesättigten Verbindungen entfernt, einige aber bestehen läßt. Die Oxydation durch den Sauerstoff der Luft wird durch Temperaturerhöhung stark beschleunigt. Hieraus folgt, daß für alle Zwecke, wo das Öl höheren Wärmegraden oder der Explosion von Gasen, wie in den Verbrennungsmotoren, ausgesetzt ist, nur die besten Raffinate verwendet werden sollten, die man zweckmäßig auf die Höhe der Teer- und Verteerungszahl untersucht. Wenn man auch vielleicht eine Zeitlang bei guter Wartung der Maschinen mit einem minderwertigen Öl schmieren kann, so sind erstklassige, wertvolle Öle im Gebrauch doch billiger, weil bei einem billigen Öl die Gefahr vorliegt, daß die beim Einkauf erzielten Ersparnisse durch eine einzige Betriebsstörung illusorisch gemacht werden. Allerdings nimmt auch das bestgeschmierte Lager trotz der Ölschicht, welche die unmittelbare Berührung der Metallteile verhindert, an Stärke infolge Abnutzung ab, da kein Lager genau zylindrisch ist, kleine Erhöhungen vorkommen und auch die Welle nicht vollkommen rund ist. Außerdem sind oft die Umlaufflächen mit Schmiernuten durchschnitten, welche die Anlagefläche verkleinern. Die Kanten der Nuten wirken auch dadurch nachteilig, daß sie den Ölfilm abreißen. Am schädlichsten sind aber die mechanischen Beimengungen im Öl, worunter die festen Teile verstanden werden sollen, die mit bloßem Auge im Öle erkennbar sind. Sie bestehen aus Sand, Fasern, Strohteilchen u. dgl. und sind meist beim Ausleeren des Ölfasses ins Öl gefallen. Diese mechanischen Verunreinigungen wirken, wenn sie in die Maschine gelangen, direkt schleifend und sind als der größte Feind einer ordnungsgemäßen Schmierung anzusehen.

Spezielle Verwendung der Mineralschmieröle.

Dampfzylinderöle.

Zylinder, Kolben und Schieberkästen einer Dampfmaschine müssen besonders gut geschmiert werden und mit einem Öl, das für diese Zwecke besonders geeignet ist. Eine Einteilung der Zylinderöle kann man nach ihrer Herstellung vornehmen, und zwar in Destillations- und Rückstandszylinderöle. Zu ersteren gehören die russischen, polnischen, rumänischen, westamerikanischen, zu letzteren hauptsächlich die ostamerikanischen Öle. Bei dem Destillationszylinderöl macht man nach der chemischen Zusammensetzung Unterklassen, je nachdem, ob sie aus Paraffin- oder Asphaltöl oder aus Rohöl, das hauptsächlich Naphthene enthält, durch Konzentration, d. h. durch Abtreiben der leichter flüchtigen Bestandteile, hergestellt sind. Die Rückstandszylinderöle sind meist viscoser als destillierte Zylinderöle.

Das Zylinderöl kommt in der Maschine unmittelbar mit dem heißen Dampf in Berührung, so daß man von dem Öl verlangen muß, daß es bei dessen Temperatur nicht zu leicht verdampft. Als Maßstab für die Verdampfbarkeit kann, wie wir gesehen haben, der Flammpunkt gelten, und er ist es, nach welchem die Zylinderöle meist gehandelt werden. Außerdem ist es oft vorteilhaft, die Größe der Verdampfbarkeit bei einer bestimmten Temperatur während einer bestimmten Zeit zu kennen, denn das Öl gilt als das beste, das den geringsten Verdampfungsverlust aufweist. Man sollte aber eigentlich, um einigermaßen vergleichbare Resultate zu erhalten, die Verdampfbarkeit bei einer für jedes Öl charakteristischen Temperatur vornehmen, z. B. bei der Temperatur des Flammpunktes. Es hat sich herausgestellt, daß Öle, die einen ähnlichen Flammpunkt aufweisen, oft ganz verschiedene Verdampfbarkeit zeigen. Ferner muß das Zylinderöl, damit der Verbrauch gering ist, an den Zylinderwandungen haften und darf nicht leicht mit dem Dampf ausgeblasen werden. Es muß eine gleichmäßige Ölschicht bestehen bleiben, damit die metallische Reibung in die günstige Flüssigkeitsreibung übertragen wird. *Hillinger* schreibt über die Schmierung (Zeitschr. f. Dampfk. 1917, 297): „Im ordnungsgemäßen Betriebe bildet sich an den Wandungen des Zylinders ein Ölfilm; außerdem sammeln sich zwischen den Kolbenringen und anderen toten Räumen Ölvorräte an. Die zur Erzielung dieses Zustandes erforderliche Ölmenge ist erheblich von der Güte des Öles abhängig." Bei Zylinderölen zeigt die Viscosität nach *Engler* den Schmierwert noch weniger an als bei Maschinenölen. Bei den hohen Temperaturen im Zylinder werden die dicksten Öle so dünnflüssig, daß ihre Viscosität annähernd gleich 1 ist, woraus folgt, daß der Schmierwert der Öle nicht nach der Viscosität, die bei 100° gemessen ist, beurteilt werden darf.

Bei der Auswahl des Zylinderöles für die Dampfmaschine muß man einen Unterschied darin machen, ob der Dampf als Sattdampf die Maschine treibt oder überhitzt wird, da sich nach der Temperatur des überhitzten Dampfes die Auswahl des Öles richten muß. Der Flammpunkt hat bei einem Sattdampfzylinderöl nur die Bedeutung, daß er hoch genug sein muß, um das Öl in die Gruppe der Zylinderöle einreihen zu können, während er bei Heißdampfzylinderöl wichtig ist, wie nachher gezeigt werden wird.

Eine feste Definition, was Satt- oder Heißdampfzylinderöl ist, läßt sich nicht geben, doch nennt man allgemein Sattdampfzylinderöle solche, die einen Flammpunkt von 240—280° C haben, während Heißdampfzylinderöle einen solchen von 270—335° C besitzen. Die Viscositäten schwanken sehr, zumal bei den dunklen Zylinderölen durch einen hohen Asphaltgehalt eine höhere Viscosität vorgetäuscht werden kann. Diese bei normaler Temperatur ziemlich festen und zum Teil klebrigen Öle haben einen hohen Pechgehalt und sind für Heißdampfzylinderöle zu verwerfen, auch haben sie den Nachteil, daß sie nur mit Hilfe der Schmierpressen an der Maschine Verwendung finden können. Als Normen können gelten:

Viscosität bei 100° C: 2,5—4 für Sattdampfzylinderöle;
3,5—7 „ Heißdampfzylinderöle.

Auch hört man, daß in einigen Laboratorien die Viscosität bei 150° C festgestellt wird. Aus den so erhaltenen Zahlen ist nichts anderes oder Besseres zu ersehen als aus den bei 100° C bestimmten, nur daß die Unterschiede zwischen verschiedenen Ölen geringer geworden sind.

Von vielen Fabrikanten wird den Dampfzylinderölen etwas Fett oder fettes Öl zugesetzt, sie werden compoundiert, um eine größere Schmierfähigkeit zu erzielen. Schon Zusätze von 4% Talg beeinflussen die Schmierleistung günstig, obschon die Viscosität durch diesen Zusatz vermindert wird (*Kißling*, Seife 1917, 10). Der Zusatz hat seine Berechtigung, da die Oberflächenspannung kleiner wird. Als Erklärung geben *Holde* und *Marcusson* an, daß bei Verwendung fetthaltiger Mineralöle Bildung von Eisenseife durch Einwirkung der aus dem Fett abgespaltenen Fettsäure auf das Metall erfolge und durch diese besseres Anhaften des Öles an den zu schmierenden Flächen bedingt würde. Bekannt ist, daß Fettsäurezusatz die Schmierfähigkeit erhöht, doch steht einer allgemeinen Verwendung der compoundierten Öle meist die Tatsache entgegen, daß Metall von der Fettsäure langsam angegriffen wird. Trotzdem sollen die compoundierten Öle weniger zu Rückstandsbildung neigen, wenigstens nicht die harten Rückstände geben. Der Zusatz von Knochenöl und Talg hat sich am besten bewährt, während Rüböl und andere Fette weniger günstige Ergebnisse zeigen. Ist eine Maschine mit compoundiertem Öl geschmiert, so darf das Kondenswasser nicht wieder zur Kesselspeisung verwendet werden, da die zersetzten Teile des Fettes aus ihm durch Absitzenlassen nicht vollständig wieder zu entfernen sind. Meist reicht ein reines Mineralzylinderöl ohne Fettzusatz für die Schmierung der Dampfmaschinen vollkommen aus. Den Heißdampfzylinderölen Fett zuzusetzen, ist natürlich um so weniger günstig, je höher die Temperatur des Dampfes ist, da die Zersetzung der fetten Öle mit höherer Temperatur schneller und in höherem Maße vor sich geht.

Wie hoch der Flammpunkt bei einem Zylinderöl sein darf, das bei einer bestimmten Dampftemperatur verwendet wird, darüber ist man sich noch nicht vollkommen einig. Es hat sich herausgestellt, daß es meist nicht notwendig ist, den Flammpunkt des Zylinderöles ebenso hoch zu nehmen wie die Dampftemperatur. Eine übermäßige Verdampfung oder Verbrennung der Öle ist nicht zu befürchten, wenn man mit der Dampftemperatur über die des Flammpunktes geht. Dieses hat folgende Gründe:

Die Bestimmung des Flammpunktes erfolgt an der Luft bei dem herrschenden Atmosphärendruck. Je höher der Druck wird, um so später siedet oder verdampft eine Flüssigkeit. Nun herrscht im Zylinder ein hoher Druck; dadurch wird die Temperatur der Verdampfung heraufgesetzt, und bei der des Dampfes findet noch keine Verflüchtigung statt. Außerdem erfährt der Dampf durch die Arbeit eine Expansion, die zugleich den Druck erniedrigt und als Folge die Dampftemperatur herabsetzt. Es ergibt sich aus der Praxis, daß man z. B. ein Zylinderöl mit einem Flammpunkt von etwa 280° C gut bis zu Dampftemperaturen über 300° C verwenden kann. Eine Ausnahme machen Heißdampfmaschinen, die auf Kondensation arbeiten, oder bei denen die Mäntel der Zylinder durch strömenden Dampf geheizt werden. Bei den Kondensationsmaschinen wird hinter dem Kolben eine Luftleere erzeugt. Dies hat zur Folge, daß das Öl bei noch niedrigerer Temperatur als bei Atmosphärendruck verdampft, da der Druck fehlt. Es besteht also die Gefahr, daß der Kolben trocken läuft, während es gerade darauf ankommt, daß alles mit einem Ölfilm überzogen ist. Bei der zweiten Art, bei der die Mäntel der Zylinder geheizt werden, kann keine Abkühlung eintreten. In beiden Fällen muß man also Öle mit verhältnismäßig hohem Flammpunkt verwenden.

Ernst (Petr. XVII, 1180. 1921) steht auf dem Standpunkt, daß man mit der Dampftemperatur nicht über die Flammpunktstemperatur gehen soll, da die Öle anfangen, Zersetzungserscheinungen zu zeigen, wobei die Verflüchtigung einiger Bestandteile stattfindet. „Diese Verflüchtigung, welche trotz verminderter Zähflüssigkeit eine Eindickung des Öles bewirkt, wird bei der Verwendung des Öles im Zylinder einer Dampfmaschine durch den im Zylinder herrschenden Druck nicht verhindert. Enthält das Öl teerartige Bestandteile, so führen diese zu den bekannten Störungen durch Verkrustung der geölten Fläche, wie sie an Dampfkolben, Ventilspindeln, Kolbenstangen usw. häufig zu beobachten sind. Die derzeit geübte Bestimmung des Flammpunktes von Zylinderöl unter Atmosphärendruck läßt somit eine gute Beurteilung der Eignung der Mineralöle für Zylinderschmierung zu. Die Temperatur des Flammpunktes bildet die obere Grenze der zulässigen Temperatur des Arbeitsdampfes im Zylinder, wenn keine Zersetzung des Öles besorgt werden soll, die den Betrieb der Maschine gefährden könnte."

Es folgt aus diesen Betrachtungen, daß man bei Heißdampfmaschinen ein Öl auswählen muß, welches sich bei höherer Temperatur möglichst wenig verändert, also einen möglichst niedrigen Asphaltgehalt hat, und das, wenn es bei Kondensationsmaschinen Verwendung finden soll, einen möglichst hohen Flammpunkt nach *Pensky-Martens* besitzt. Namentlich sei die Spanne zwischen diesem und dem im offenen Tiegel bestimmten möglichst klein.

Auch der Aschengehalt sei möglichst gering. In der Vorkriegszeit hatten die Zylinderöle meist 0,08—0,1% Asche, heute bis 0,4%. Ein Öl mit einem Aschengehalt bis 0,12% ist noch für Heißdampfmaschinen geeignet. Ebenfalls kann ein Hartasphaltgehalt (Normalbenzin) bis höchstens 0,2% zugelassen werden. Für Sattdampfzylinderöle brauchen die Grenzen nicht so scharf gezogen zu werden, ein höherer Aschegehalt als 0,12% und ein Hartasphaltgehalt bis 1,4% werden nicht schaden.

Die Länge der Dampfleitung vom Überhitzer bis zur Verbrauchsstelle hat ebenfalls einen Einfluß, da die Abkühlung des Dampfes, die namentlich an den unisolierten Flanschen eintritt, sich mit der Länge der Leitung vergrößert. Diese Temperaturdifferenz ist bei der Auswahl eines geeigneten Zylinderöles mit in Betracht zu ziehen. Man rechnet für die ersten 15 m keinen Verlust, dann für 1 m Leitung 1—1,5° C Temperaturabfall. Bei Lokomobilen und Lokomotiven hat man naturgemäß mit keiner Rohrlänge vom Kessel bis zum Zylinder zu rechnen.

Die Auswahl eines Öles richtet sich auch nach dem Bau der Maschine. Ist ein Schleppkolben vorhanden, also ein solcher, der bei seiner Bewegung auf die Unterlage drückt, so ist ein besseres Öl mit höherer Viscosität und einem niedrigeren Aschegehalt zu nehmen, als wenn die Maschine mit schwebendem oder schwimmendem Kolben läuft, weil bei dieser Anordnung die Reibung des Kolbens am Zylinder infolge teilweisen Aufhebens des Druckes geringer ist.

Bei Sattdampfmaschinen muß man die Kolbengeschwindigkeit in Rechnung setzen. Maschinen bis 2 m Kolbengeschwindigkeit kann man als langsam, bis 4 m als normal, die über 4 m als schnell laufend bezeichnen. Letztere gebrauchen ein besonders gutes Öl, da Kolbenstangen und -ringe stark in Anspruch genommen werden. Außerdem handelt es sich meist um billige Maschinen, bei denen durch die große Kolbengeschwindigkeit eine größere Maschine vorgetäuscht werden soll.

Auch muß sich die Auswahl des Öles nach der Steuerung richten. Maschinen mit Ventilsteuerung können schon eher ein minderwertiges Öl vertragen als solche mit Rund- oder Flachschiebersteuerung.

Helle filtrierte Öle werden nur höchst selten zur Zylinderschmierung benutzt, weil sie zu teuer sind. Sie haben aber den Vorteil, ganz asphaltfrei zu sein. Ein Nachteil ist, daß sie meist nicht sehr hohe Flammpunkte besitzen, Öle mit Flammpunkten von etwas über 300° C sind wenig im Handel und außerordentlich teuer.

Bei einem Dampfzylinderöl, das für die betreffende Maschine geeignet ist, wird nach dem Vorhergesagten die Sparsamkeit im Verbrauch durch die guten qualitativen Eigenschaften bewirkt, weil sich bei einem guten Öl im Betriebe keine Zersetzungen zeigen, die hemmend wirken und von weiteren Ölmengen fortgebracht werden müssen.

Analysen einiger Dampfzylinderöle.

Herkunft	Spez. Gew. bei 15° C	Flammpunkt °C		Viscosität		Hart-asphalt %	Asche %
		i. o. T.	Pensky-Martens	b. 50° C	b. 100° C		
Pennsylvanien .	0,904	295	279	32,2	4,0	0,08	0,11
	0,898	304	288	42,0	4,8	0,10	0,10
	0,904	317	292	46,2	5,1	0,10	0,11
	0,906	314	300	52,1	5,7	0,08	0,01
	0,911	323	291	58,3	6,1	0,12	0,06
Mid-Continent .	0,931	285	270	49,3	4,4	0,30	0,18
	0,921	301	278	40,0	4,6	0,43	0,10
	0,927	278	—	58,3	5,2	0,70	0,19
	0,938	257	243	67,0	6,0	0,25	0,15
Kalifornien . . .	0,945	231	—	25,3	2,7	0,44	0,22
	0,901	310	—	39,6	4,3	0,16	0,13
Rumänien . . .	0,958	250	235	33,5	3,6	0,24	0,15
Rußland	0,926	270	256	—	3,6	0,13	0,10
	0,926	300	288	—	7,1	0,17	0,10
Deutschland . .	0,954	270	263	31,8	3,4	0,21	0,11
	0,959	290	262	44,6	4,0	0,50	0,05
	0,958	258	237	58,9	5,0	0,90	0,28

Zylinderöl-Emulsion.

Seit einer Reihe von Jahren versucht man den Verbrauch des Zylinderöles dadurch etwas zu verringern, daß man zum Schmieren die Emulsion eines Zylinderöles mit klarem, gesättigtem Kalkwasser verwendet (nach Patenten der Deutschen Petroleum A.-G., Berlin). Diese Emulsionen dienen zur Schmierung der Zylinder, besonders der Heißdampflokomotiven, und ersetzen Heißdampfzylinderöle. Die Deutsche Reichsbahn verwendet diese Emulsionen für viele Maschinen, auch mit Lokomobilen hat man Versuche gemacht.

Die Emulsion enthält 25—50% gesättigtes Kalkwasser und wird durch inniges Vermischen der beiden Komponenten in einem Emulsionsapparat hergestellt. Nicht alle Zylinderöle geben eine haltbare Emulsion, namentlich die besten Zylinderöle, ebenso wie die filtrierten, sind nicht verwendbar. Es liegt dies an dem Säuregehalt. Hat ein Öl eine gewisse Menge freier Säure, so bildet diese mit dem Kalkhydrat des Kalkwassers eine Kalkseife, die, in dem Öl verteilt, der Träger der Emulsion ist. Öle, die keine beständige Emulsion geben, kann man durch Zusatz von etwas Olein (bis 0,5%) emulsionsfähig machen. Zuviel Olein schadet, da die Emulsion sonst zu dickflüssig wird. Die Viscosität der Emulsion wird in besonderen Viscosimetern mit großem Auslaufsloch bestimmt. Wie ist es nun möglich, daß Kalk nicht nachteilig wirkt? Klares Kalkwasser enthält im Liter nur 1,2 g Kalk, also in einer 50proz. Emulsion nur 0,06% festen Kalk. Dieser Betrag soll als unbedenklich gelten, da er sich nicht festbrennen kann. Das Emulsionswasser verdampft bei Eintritt des Öles in dem Zylinder plötzlich und verteilt das Öl auf den Wandungen. Außerdem wird das Öl kühl gehalten, so daß eine Verkokung nicht eintreten kann. Man hat den Dampf auf 350, 400, 450, ja 500° C überhitzt. Mit einem reinen Öl könnten die Zylinder bei derart hohen Temperaturen nicht geschmiert werden.

Maschinenöl.

Die Hauptmenge der Schmieröle wird bei Lagern der Transmissionen und Dampfmaschinen verbraucht. Je nach dem einzelnen Verwendungszweck wird ein dickeres oder dünneres Raffinat am Platze sein. Von den Maschinenölen ist dasjenige das sparsamste, das nicht nur durch die üblichen Analysenzahlen gute Qualität anzeigt, sondern auch den angegebenen Verhältnissen genau entspricht. Werden z. B. zu viscose Öle genommen, hat man infolge der Überwindung der inneren Reibung Kraftverlust, der nicht zu unterschätzen ist, verwendet man zu dünnflüssige, so ist der Verbrauch zu groß, und man muß stärker schmieren. Nimmt man bei Ölen, die im Dauerbetrieb gebraucht werden sollen, ungeeignete billige Sorten, so wird man bald neues Öl nachfüllen müssen, da Zersetzungen eingetreten sind. Im Kriege hat man für die Maschinenschmierung Destillate genommen. Dies geht wohl eine Zeitlang gut, nicht aber auf die Dauer. Nie hat man so viel an seinen Maschinen reparieren müssen wie im Kriege, und das liegt zum größten Teil neben dem ungeschulten Personal (der frühere gute Maschinist war im Felde) an dem schlechten Schmieröl. Es ist nun nicht gerade nötig, daß man die allerfeinsten pennsylvanischen Öle für diese Zwecke nimmt, es genügen rumänische, polnische, deutsche, Mid-Continent-Raffinate. Die Schmieröle müssen den jeweiligen Betriebsverhältnissen angepaßt sein und werden am besten im Betriebe selbst praktisch ausprobiert. Auf die Farbe, also darauf, ob das Öl gelb oder dunkelrot ist, kommt es nicht an. Die Viscosität richtet sich nach dem jeweiligen Druck und der Temperatur des Lagers, bei großem Flächendruck ist ein viscoseres Öl zu nehmen. Der Flächendruck gewöhnlicher Lager ist etwa 20 bis 25 kg/qcm, der bei Dampfmaschinen mit höherer Umdrehungszahl 40 bis 50 kg/qcm. Beträgt der Flächendruck etwa 200 kg/qcm, wie bei den Kurbellagern von Lochmaschinen, so muß ein sehr viscoses Öl genommen werden. Ferner ist einleuchtend, daß man für Transmissionslager mit dünnflüssigerem Öl auskommen kann als für Maschinenlager. Der Flächendruck von Kurbel- und Kreuzkopfzapfen normaler Dampfmaschinen ist etwa 60—70 bzw. 75—80 kg/qcm.

Auch ist die Umdrehungszahl der Maschine zu berücksichtigen. Maschinen, die bis 100 Umdrehungen machen, kann man als langsam laufend, solche mit 100—150 Umdrehungen als normal laufend, solche mit über 150 Umdrehungen als schnell laufend bezeichnen. Falsch wäre es nun, in diesem Falle den schnell laufenden ein dünneres Öl zu geben. Sie beanspruchen vielmehr ein viscoseres, da das dünne Öl leicht fortgeschleudert wird. Anders ist es bei einem Lager mit Ringschmierung, welches bei hoher Umdrehungszahl viel verwendet wird, weil man von der Wartung unabhängig sein will. Bei diesen Lagern kommen Schmiergefäße und Tropfschalen in Wegfall. Die Schmierung erfolgt selbsttätig durch 1 oder 2 Ringe, die lose auf der Welle hängen und derselben bei ihrer Umdrehung das erforderliche Öl zuführen. Auch werden statt der Ringe Ketten verwandt. Da man auf diese Weise eine gute ausreichende Schmierung hat, kann man mit einem etwas dünnflüssigeren Öle auskommen, als wenn man z. B. mit Hilfe eines Tropfölers schmierte. Da das Öl lange in Gebrauch bleibt, muß ein widerstandsfähigeres Produkt genommen werden. Es eignen sich dazu am besten pennsylvanische und russische Öle. Aus demselben Grunde nimmt man diese Sorten auch bei der Umlaufsschmierung. Falls Wasser und überhaupt Feuchtigkeit in das Umlaufsystem gelangen kann, sind nichtemulgierende Öle zu empfehlen (siehe Turbinenöle).

Ist der zu schmierende Maschinenteil großer Kälte ausgesetzt, so ist zu einem kältebeständigen Öl zu raten. Auf die Höhe des Flammpunktes kommt es nicht so sehr an, doch soll er nicht unter 170° C liegen.

Als Hauptlageröle sind im Handel dickflüssige Maschinenöle oder solche, die in der Aufsicht grün aussehen, was durch einen Zusatz mehrerer Prozente hellen amerikanischen Zylinderöles bewirkt wird. Sie sind für hohe Drucke besonders geeignet. Ihre Viscosität bei 50° C schwankt von 4—7. Auch werden diese vermischten Öle mit gutem Erfolg als Pleuelstangenlageröl benutzt, namentlich wenn sie eine höhere Viscosität (bei 50° C 10—14) haben. Häufig gibt man, um eine besonders gute Schmierung zu haben, Graphit zum Öl (siehe S. 100).

Eine Ölgraphitschmierung hat ihre Vorteile, da die mit Graphitsuspensionen geschmierten Maschinenteile mit einem glänzenden, schwarzen Überzug versehen werden, der sehr glatt ist und in die feinsten Vertiefungen und Unebenheiten eindringt. Dieser Graphitfilm bindet das Schmiermittel und bildet dadurch einen Ölfilm, der auch bei hohen Gleitgeschwindigkeiten nicht zerreißt. Aus diesem Grunde ist es gut, von Zeit zu Zeit, etwa mit Zwischenräumen von einem Monat, einen Tag lang die Maschinen mit Graphitöl zu schmieren, nicht aber stets, weil dadurch nur die Maschine verschmutzt wird und sich allmählich die feste Substanz ausscheidet, welche die Schmiernuten und Schmierrohre verstopft.

Dampfpflugöle.

Als Dampfpflugöle wählt man gute schwerflüssige Maschinenöle von der Viscosität 7—9. Es ist nicht nötig, russische oder pennsylvanische Öle zu verwenden, westliche amerikanische, auch deutsche genügen. Vorteilhaft ist es, wenn die Öle einige Prozente helles Dampfzylinderöl enthalten.

Nimmt man compoundierte Öle, also Maschinenöle mit Zusatz von fetten Ölen, so kann die Viscosität etwas geringer sein. Es eignen sich Mischungen von 80% Maschinenöl der Viscosität 6,5 mit 20% rohem Rüböl (siehe S. 101). Auch Mischungen von Maschinenöl der Viscosität 6,5 mit 5% minerallöslichem Ricinusöl haben sich bewährt (siehe S. 104). An Stelle des letzteren kann man auch geblasene Öle (siehe S. 102) nehmen.

Dynamo- und Elektromotor-Öle.

Infolge der außerordentlich großen Umdrehungszahl und des verhältnismäßig hohen Lagerdruckes bei Dynamos und Elektromotoren wird ein Öl von mittlerer Viscosität verlangt, das aber gute Adhäsion zeigen muß. Früher wurden diese Öle verfettet, indem man einige Prozente Klauenöl, Olivenöl o. dgl. hinzufügte; aber man ist aus folgendem Grunde davon wieder abgekommen: Fette Öle sind nur sehr schwer vollständig säurefrei zu erhalten. Diese Spuren freier organischer Säure greifen aber, zumal wenn das Öl in Ringschmierlagern lange gebraucht wird, die Metallteile an und verbinden sich mit ihnen zu schleimigen, klebrigen Massen, die aus Seifen bestehen und sich auf den Reibflächen absetzen. Sie erhöhen dadurch, daß nicht genügend Öl schmierend wirken kann, den Kraftverbrauch und veranlassen außerdem das Abfressen von Metall.

Die Viscosität des Schmieröles richtet sich nach den entwickelten Pferdekräften der Maschine, aber auch nach der Umdrehungszahl. Je höher diese ist, um so dünnflüssiger muß das Öl sein. Man kann folgende Einteilung machen:

> unter 1000 Umdrehungen langsam laufend;
> 1000—2000 Umdrehungen mittelschnell laufend;
> über 2500 Umdrehungen schnell laufend.

Für schnell laufende Maschinen nimmt man vorteilhaft Öle mit sehr niedrigem spez. Gewicht: etwa 0,870—0,885. Für langsam laufende Dynamos haben sich Öle bewährt, denen, um größere Schmierfähigkeit zu erzielen, einige Prozente helles amerikanisches Zylinderöl zugesetzt sind, was in diesem Fall dieselbe gute Wirkung ausübt, die früher durch Verfetten erstrebt wurde. Sämtliche Öle müssen vor allen Dingen praktisch säurefrei sein, d. h. die Säurezahl darf höchstens 0,14 sein. Die Teerzahl sei nicht zu hoch, höchstens 0,2, wodurch die meisten westamerikanischen Öle, die nicht besonders gut raffiniert sind, ausgeschlossen werden.

Sind die Dynamos direkt mit der Maschine gekuppelt, so ist dasselbe Öl zu nehmen wie für die Antriebsmaschine; ist diese z. B. eine Dampfturbine, so ist Dampfturbinenöl zu verwenden.

Bewährt haben sich bei nicht direkt gekuppelten Dynamos Öle mit folgenden Testen:

	unter 60 PS Visc. bei 50° C	über 60 PS Visc. bei 50° C
langsam laufend	4,0—6,5	5,0—7,0
mittelschnell laufend	3,0—4,2	3,5—5,5
schnell laufend { leichte Maschinen .	2,8—3,2	3,0—4,0
schwere Maschinen .	4,5—6,0	5,0—6,5

Für Elektromotoren braucht man ähnliche Öle wie für die Dynamos, erwünscht ist, daß das Öl möglichst den Charakter eines Dampfturbinenöles hat (siehe S. 70), bei dem eine Hauptforderung darin besteht, daß das Öl mit Wasser nicht emulgiert.

Elektromotoren und Dynamos soll man nicht mit Graphitölen schmieren, da der Graphit die Elektrizität leitet. Dagegen ist es aus demselben Grunde praktisch, z. B. Rollen an der Leitung elektrischer Straßenbahnen mit Graphitölen oder -fetten zu schmieren.

Die Analysendaten einiger bewährter Dynamo- und Elektromotorenöle seien im folgenden angegeben:

Herkunft	Spez. Gew. bei 15° C	Flpkt. i. o. T. °C	Visc. bei 50° C	SZ	Gehalt an hellem Zylinderöl	Teerzahl
Pennsylvanien	0,872	206	2,8	0,03	—	0,08
	0,884	215	3,3	0,03	—	0,10
	0,881	229	4,7	0,02	10%	0,05
Texas	0,923	170	3,1	0,12	—	0,18
	0,930	178	4,5	0,11	—	0,18
	0,929	182	5,5	0,09	12%	0,16
Rußland	0,904	192	3,0	0,04	—	0,12
	0,909	205	6,4	0,04	—	0,18
Polen	0,906	196	3,3	0,07	—	0,20
Mischung von Texas und Pennsylvanien . . .	0,916	206	5,2	0,14	—	0,20

Luftkompressoröl.

Im Maschinen- und Schiffbau, beim Betriebe eines Dieselmotors, in der chemischen Industrie, beim Bau von Eisenkonstruktionen und vielen anderen Zweigen der Technik wird Preßluft verwendet. Man erzeugt dieselbe in Maschinen, welche die Luft ansaugen und zusammenpressen. In diesem Zustande führt man sie der Arbeitsstelle zu. Durch das Zusammendrücken erwärmt sich die Luft stark, schon eine Kompression auf 3 Atm. abs. bringt theoretisch annähernd eine Temperatur von 130° C hervor. Man kühlt daher die Zylindermäntel mit Wasser und führt bei größeren Anlagen Stufen ein, indem man die Kompression nacheinander in mehreren Zylindern ausführt und die Luft zwischen den einzelnen Kompressionsstadien durch Kühler auf die Anfangstemperatur abkühlt.

Die Wartung eines Kompressors erfordert mehr Arbeit und Sorgfalt als die einer Dampfmaschine; auch muß er öfter innen gereinigt werden. Bei einem guten Kompressor soll die Temperatur der Luft während der Arbeit nirgends über 140° C steigen. Die ständig im Zylinder herrschende Wärme, verbunden mit der gepreßten, also sauerstoffhaltigen Luft, kann ein Öl leicht oxydieren, verharzen, was zur Bildung von Rückständen führen kann, die, einmal eingeleitet, schnell weiterwachsen und Heißlaufen der Maschinenteile hervorrufen können. Die Rückstände sind oft hart und können dann allmählich schleifend auf Kolben und Zylinder wirken. Wenn sie sich an den Ventilen festsetzen, hat man Durchblaseverluste zu erwarten. Sind die Rückstände gummiartig, so verkleben sie die Kolbenringe, die dadurch ihre federnde Wirkung und ihr gutes Anliegen an der Zylinderwand einbüßen. Es sind daher nur bestraffinierte Öle mit einem hohen Zünd- und Flammpunkt zu verwenden. Liegen diese zu niedrig, können die sich trotz des hohen Druckes entwickelnden Öldämpfe zur Explosion Veranlassung geben, was allerdings praktisch nur eintreten kann, wenn die Kühlung nicht richtig gewirkt hat und zu reichlich geschmiert wurde. Auf möglichst sparsame Schmierung muß geachtet werden, da bei den hohen Drucken und reichlicher Schmierung sich auch leichter Rückstände bilden. Das Öl verbrennt hier nicht wie bei den Verbrennungsmotoren oder wird wie bei Dampfmaschinen durch den Dampf fortgespült. Der Flammpunkt sollte mindestens 220° C betragen. Auf eine gute Kühlung ist großer Wert zu legen. Zylinderflächen und Kolben müssen stets kühl sein, da dies einen außerordentlich guten Einfluß auf das Verhalten der Schmieröle ausübt. Sie verharzen dann nicht und können keine Rückstände geben, behalten also ihre Schmierfähigkeit bei. Bei Kompressoren mit Ventilen muß sehr darauf geachtet werden, daß alle Ventile richtig arbeiten, weil durch ihr Aussetzen auch leicht starke Temperaturerhöhungen eintreten, die bis 500° C betragen können. Haben sich Ölkrusten angesetzt, werden die Durchgangsquerschnitte verengt, so daß eine zu starke Luftreibung die Folge ist, die weitere Temperaturerhöhung bedingt. Übrigens kommt es zuweilen vor, daß Kompressoren von vornherein infolge fehlerhafter Herstellung zu enge Querschnitte haben. Derartige Maschinen sind mit einem viscoseren Öl zu schmieren und häufiger zu reinigen.

Wenn Luftkompressoren mit zwei Stufen längere Zeit leer laufen, da keine Preßluft verbraucht wird, so wird sich fortgesetzt in der Hochdrucksstufe hoher Druck befinden, im Ansaugezylinder dagegen niedriger. In diesem Falle kann sich, wenn keine Entlastungsvorrichtung vorhanden ist, die selbständig in Wirkung tritt und Druck hinausläßt, die Luft im Zylinder stark erwärmen. Auch in diesem Falle können ungeeignete Öle leicht die Ursache sein, daß eine Explosion eintritt.

Die Beschaffenheit der Ansaugeluft ist wichtig für die Schmierung. Daß unreine Luft schädlich wirkt, ist ohne weiteres einzusehen, mag sie nun staubig sein oder Dünste irgendwelcher Art enthalten. Es bilden sich namentlich aus Staub durch Vermengung mit Öl Krusten, die sehr schädlich sind. In staubigen Räumen sollte man daher Luftfilter einbauen oder die Ansaugeleitung ins Freie legen, wo sicher kein Staub auftritt.

Die Temperatur im Kompressor kann erhöht werden, wenn zu warme Luft angesaugt wird, was wiederum Anlaß zur Rückstandsbildung beim Öl geben kann.

Die angesaugte Luft muß möglichst trocken sein. Ist sie sehr feucht, so besteht die Gefahr, daß sich Wasser niederschlägt, namentlich dann, wenn die Kühlung gut ist. Reines Mineralöl haftet dann nicht an den Zylinderwänden. Ist man gezwungen, mit feuchter Luft zu arbeiten, wählt man besser Mineralöle, die einen Zusatz von fettem tierischen oder pflanzlichen Öl haben. Hierdurch findet eine Emulsion von Wasser und Öl statt und die Schmierung wird nicht unterbrochen.

Reine fette Öle sind ganz zu verwerfen. Bei normalem Betrieb kommen nur raffinierte Mineralöle in Betracht.

Schmiertechnisch muß man zwischen Ventil- und Schieberkompressoren unterscheiden. Erstere werden für Niederdruck (bis etwa 12 Atm.), Mitteldruck (bis etwa 35 Atm.) und Hochdruck (über 30—70 Atm. und darüber) gebaut.

Ventilkompressoren, zu denen die bei Dieselmotoren verwendeten gehören, die meist zweistufig, selten dreistufig gebaut werden, kommen meist mit einem mittelflüssigen Öl aus (Viscosität 3,3—7,0), und es ist dabei gleichgültig, ob es sich um Nieder- oder Hochdruck handelt. Allerdings bevorzugen manche Verbraucher bei sehr hoher Kompression Öle von der Viscosität 9 und darüber, ja bei Drucken über 70 Atm. ist helles flüssiges Dampfzylinderöl beliebt, das völlig asphaltfrei sein muß, aber bei normal arbeitenden Kompressoren unnötig ist, da die Temperatur nicht über 140° C steigen soll. Englische Vorschriften (Chem. Abstr. 15, 15, 2521. 1921) geben für Ventilkompressoren folgende Teste an:

Spez. Gew. bei 15° C: 0,870—0,915,
Visc. Redwood 70° F: 400—1000, was in Englergraden bei 50° C etwa
   3—6 entspricht,
Farbe: rot oder gelb,
Flammpunkt mindestens 400° F = 204,5° C,
in der Durchsicht klar.

Es muß bei den Ölen hauptsächlich darauf gesehen werden, daß sie keine Rückstände geben, die sich namentlich gern an den Ventilplättchen festsetzen, wodurch ein einwandfreies Arbeiten der Ventile in Frage gestellt wird und starke Temperaturerhöhungen eintreten können. Man verwende daher Öle mit einer niedrigen Teer- und Verteerungszahl und solche mit niedrigem spez. Gewicht, da sie meist weniger harzartige Stoffe enthalten. Auch soll das Öl nicht leicht verdampfen.

Schieberkompressoren werden meist nur für Niederdruck bis etwa 12 Atm. Enddruck hergestellt, die Hochdruckstufe ist mit Ventilen ausgerüstet. Diese Kompressoren verlangen ein viscoseres Öl als die Ventilkompressoren, weil die große Luftgeschwindigkeit ein dünneres Öl fortblasen würde. Eine Viscosität von 7—12 bei 50° C hat sich bewährt. Das Öl braucht nicht das allerfeinste zu sein, wie bei den diffizilen Ventilkompressoren, weil hier die Rückstände leicht fortgeschoben werden. Immerhin muß das Öl einen hohen Flammpunkt haben und eine Teerzahl von höchstens 0,2.

Arbeitet ein Kompressor nicht einwandfrei, sind z. B. die Kanal- und Ventilquerschnitte zu eng, so streicht die Luft zu schnell hindurch, und die Folge sind Temperaturerhöhungen. Bei alten Kompressoren kann es vorkommen, daß die Kolbenringe abgenutzt sind. Man kann dann oft noch lange Zeit den Kompressor mit einem dickeren Öl weiterlaufen lassen. So kommt man bei weiterer Steigerung bis zum hellen, asphaltfreien Dampfzylinderöl.

Alle anderen Maschinenteile am Kompressor können mit gewöhnlichem Maschinenöl geschmiert werden.

Der Turbokompressor arbeitet anders. Hier wird die nach dem Prinzip rotierender Maschinen mit großer Kraft angesaugte Luft nicht durch Kolben zusammengepreßt, sondern ihre Geschwindigkeit setzt sich im Laufrad und Diffusor in Druck um. In derselben Weise wird durch die zweite Stufe die Luft weiter komprimiert. Ein Turbokompressor hat gegenüber den Kolbenmaschinen manche Vorteile. Für die Schmierung kommt nur folgendes in Betracht: Es sind keine Kolben zu schmieren, die Preßluft kommt überhaupt nicht mit Öl in Berührung, nur die Wellenlager gebrauchen Öl. Bei der großen Geschwindigkeit der Umdrehungen ist eine höhere Viscosität des Öles nicht nötig und sogar hindernd, ein Raffinat von der Viscosität 2,5 bei 50° C ist brauchbar. Auch auf die Höhe des Flammpunktes kommt es nicht an, wohl aber auf ein niedriges spez. Gewicht, das zweckmäßig unter 0,910 bei 15° C liegen soll.

Analysen einiger Luftkompressoröle.

Spez. Gew. bei 15° C	Flpkt. ° C	Viscosität bei 50° C	Freie Säure als Ölsäure berechnet	Teerz.	Asche %	Herkunft
0,880	210	3,6	0,03	0,08	0,005	pennsylvanisch
0,890	208	5,0	0,015	0,09	0,007	do.
0,910	210	7,0	0,03	0,14	0,012	russisch mit hellem Zylinderöl
0,909	217	9,2	0,03	0,15	0,010	do.

Preßluftwerkzeug-Öle.

Für Preßluftwerkzeuge eignen sich helle Maschinenöle mit der Viscosität etwa 4,7 bei 50° C und einem Flammpunkt von mindestens 185° C. Es ist ein kältebeständiges Öl zu nehmen, da sich der Apparat infolge der Luftexpansion abkühlt, so daß ein regelmäßiges Arbeiten der Schlagbolzen nur stattfindet, wenn das Öl bei der Zylindertemperatur flüssig bleibt.

Analysen einiger Preßluft-Werkzeugöle.

Spez. Gew. bei 15° C	Flpkt. ° C	Visc. bei 50° C	Freie Säure als Ölsäure berechnet	Stockpkt. ° C	Herkunft
0,923	196	4,5	0,032	—12	rumänisch
0,919	185	4,6	0,04	—14	Texas + rumän.
0,906	197	4,8	0,02	—15	russisch

Schmieröle für Verbrennungsmotoren.

Verbrennungsmotoren sind Maschinen, bei denen die Explosion von Gasen die treibende Kraft liefert. Der brennbare Bestandteil ist entweder ein Gas oder ein aus einer brennbaren Flüssigkeit entwickelter Dampf, Substanzen, die, mit dem Sauerstoff der Luft zusammengebracht, eine explosive Mischung geben. Man unterscheidet bei den Verbrennungsmotoren:

1. Explosionsmotoren, die mit niedriger Kompression arbeiten. Bei ihnen wird das Gemisch mit Hilfe eines elektrischen Funkens zur Entzündung gebracht.

2. Gleichdruckmotoren (Dieselmotor), die mit hoher Kompression arbeiten. Das Gemisch entzündet sich durch die eigene, selbst erzeugte Kompressionswärme.

3. Mitteldruckmaschinen (Glühkopfmotoren). Sie haben eine mittlere Kompression. Bei diesen Maschinen wird vor dem Anlassen der Glühkopf durch eine Benzinflamme erwärmt, so daß er dunkelrot glüht; beim Laufen behält er die Wärme infolge der Kompression bei.

Als Kraftstoffe kommen allgemein in Betracht:

1. Gasförmige (Leuchtgas, Kraftgas, Generatorgas, Gichtgas, Koksofengas).

2. Flüssige (Benzin, Gasolin, Benzol, Spiritus, Petroleum, Gasol).

Schmiertechnisch teilt man die Motoren ein in Explosionsmotoren mit der Unterabteilung Automobilmotoren, Großgasmaschinen und Dieselmotoren. Für alle Arten muß man gute raffinierte Öle nehmen, da auch die Kolben in den Zylindern, in denen die Explosion stattfindet, mit Öl geschmiert werden. Es treten hier während der Explosion für kurze Zeit ganz bedeutende Temperaturen auf, bei denen ein Teil des im Zylinder befindlichen Öles mitverbrannt wird. Würde das Öl nicht mitverbrennen, müßte es bei der andauernden Erwärmung Rückstände bilden. Demnach darf der Zündpunkt nicht zu hoch liegen. Zwar wird das an den Wandungen des Explosionsraumes haftende Öl, das von außen gekühlt wird und nur eine Temperatur von etwa 200—320° C hat, nicht mitverbrennen, wohl aber das im Verbrennungsraum frei verteilte. Dort, wo der Kolben im Zylinder läuft und die Schmierung eintreten soll, wird weniger hohe Temperatur herrschen, weil die Wandung nur kurze Zeit der hohen Temperatur der explodierenden Gase ausgesetzt ist. Ein Schmieröl besteht, wie früher gesagt, hauptsächlich aus Kohlenstoff und Wasserstoff. Je mehr es von ersterem enthält, desto mehr Sauerstoff ist zur Verbrennung nötig. Der zugeführte Luftsauerstoff wird aber hauptsächlich zur Verbrennung des Betriebsstoffes verbraucht, und nur das Öl, das wenig Kohlenstoff enthält, hat auch Gelegenheit, vollständig mit zu verbrennen. Ein großer Teil des Öles ist also nur unvollständig verbrannt, wobei sich kokartiger Rückstand bildet, oder wird nur der Erhitzung unterworfen. Durch Erhitzen verdicken sich aber alle Öle, sie verharzen gleichsam oder polymerisieren, was für die Schmierung auch unvorteilhaft ist. Durch chemische Untersuchung läßt sich feststellen, welche Öle in dieser Beziehung geeignet sind und welche nicht. Eins dieser Kriterien ist die Höhe der Teerzahl, welche zeigt, ob ein Öl stark oder schwächer zur Verharzung neigt. Nur gut raffinierte pennsylvanische und russische Öle haben eine niedrige Teerzahl, während Mid-Continent-Öle und die westlichen amerikanischen ebenso wie die deutschen gewöhnlich eine höhere Zahl aufweisen. Bei einem guten Motorzylinderöl darf die Teerzahl höchstens 0,25 betragen.

Ein anderer Faktor, der bei Ölen sehr ins Gewicht fällt, ist der Gehalt an Asche, also an unverbrennbaren Substanzen. Bei jeder Explosion verbrennt ein Teil des Öles, wie wir gesehen haben, und naturgemäß bleibt das Unverbrannte, also die Asche, zurück. Wenn nun auch der Aschengehalt eines Öles sehr gering ist, so sammelt sich doch bei der unendlichen Zahl der sich folgenden Explosionen immer mehr Asche an. Mit dem verdickten Öl wird sie in den toten Räumen des Zylinders abgelagert, wo die Rückstände von Zeit zu Zeit entfernt werden können. Enthält ein Öl viel Asche, so wird dieser Zeitpunkt schneller erreicht sein. Auch wirkt die Asche zerstörend auf Zylinder und Kolben, da ihr trotz ihrer Feinheit ein gewisses Schleifvermögen nicht abgesprochen werden kann. Der Aschegehalt sei höchstens 0,01.

An sich säurefreie Öle können bei ihrem Verbrauch die mehr oder minder große Fähigkeit besitzen, aus dem in ihnen oder den Kraftstoffen enthaltenen Schwefel, aus Schwefelverbindungen oder deren Verbrennungsprodukten Sulfate, also schwefelsaure Salze, zu bilden. Auch können Sulfate von der Schwefelsäureraffination zurückgeblieben sein. Von ihnen werden Stahl, Eisen und Lagermetall angegriffen. Die chemisch bestimmte Sulfatzahl gibt an, wieviel Prozent SO_4 im Öl nach bestimmter Behandlung enthalten ist. Gute Motoröle dürfen höchstens 0,04% aufweisen.

Öle mit Graphitzusatz sind zu verwerfen, da der Graphit gar nicht oder höchstens zum Teil mitverbrennen wird. Rückstandsbildung muß eintreten. Zwar werden die Kolbenringe und Ventile infolge eines Graphitüberzuges besser abdichten, wodurch die Kompression und demzufolge auch die Leistung erhöht wird, aber dieser Gewinn wird durch die vermehrte Rückstandsbildung wieder aufgehoben.

Die Höhe des Flammpunktes spielt bei einem Motorzylinderöl nicht die Rolle, die ihm meist zugeschrieben wird. Natürlich darf er nicht zu niedrig liegen, da sonst das Öl verdampft; aber ob er bei 190 oder 220° C liegt, ist bei der in Frage kommenden hohen Temperatur während der Explosion gleichgültig.

Auf Säurefreiheit der Öle ist zu achten. 0,07% freie Säure, als Ölsäure berechnet, sollte die Höchstgrenze sein.

Ein Zusatz von fetten Ölen zum Schmieröl ist schädlich, da fette Öle zu Zersetzungen und Rückstandsbildungen Anlaß geben (Ausnahmen, bei denen mit Ricinus geschmiert wird, siehe unter Auto- und Flugmotorenöl S. 63 u. 65).

Die Marinewerft in Wilhelmshaven (I) und das Eisenbahnzentralamt Berlin (II) verlangen beispielsweise von Verbrennungsmotorzylinderölen folgende Eigenschaften:

Spez. Gewicht bei 15 ° C	Flpkt. ° C i. o. T.	Visc. b. 50° C	Stockpkt. ° C	Freie Säure als Ölsäure berechnet	Asche %
I höchst. 0,920	mind. 201° C	7—8	mind. —7°C	höchst. 0,04	höchst. 0,007
II „ 0,950	„ 180° C	5—6	0° C	„ 0,07	„ 0,02

Explosionsmotor-Öl.

Die Viscosität der Schmieröle für Explosionsmotoren schwankt sehr. Man muß einen Unterschied machen sowohl zwischen den verschiedenen Stärken der Motoren (nach PS), als auch darin, ob sie stehend oder liegend gebaut sind. Ein stehender Motor gebraucht ein viscoseres Öl als ein liegender von derselben PS-Zahl.

Als Norm kann gelten:

Stehend	Liegend	Visc. bei 50° C
bis 60 PS je Zylinder	bis 120 PS je Zylinder	5—6
60—100 „ „ „	120—200 „ „ „	6—7
100—150 „ „ „	200—300 „ „ „	7—8

Je höher der Kompressionsdruck im Zylinder ist, ein um so viscoseres Öl muß man wählen. Auch ist die Erwärmung des Motors von großer Wichtigkeit, da das Öl bei Erwärmung an Viscosität verliert.

Die Normalerwärmung von Motoren verschiedenen Fabrikates ist nicht gleich.

Bei kleinen Motoren schmiert man sämtliche Teile des Motors mit dem Motorzylinderöl, da der Preis für ein Öl, das für Außenschmierung und Lager geeignet ist, sich kaum billiger stellt als das für Innenschmierung und die Verwendung zweier Öle an einer kleinen Maschine im allgemeinen unpraktisch ist. Bei größeren Motoren über 100 PS nimmt man zweckmäßig zwei Öle, eins für die Innen-, das andere für die Außenschmierung. Schwere Motorpflüge gebrauchen ein Öl von der Viscosität 8—10,5 bei 50° C.

Analysen einiger bewährter Motorzylinderöle.

Spez. Gew. bei 15° C	Flpkt. ° C	Viscosität bei 50° C	Säure als Ölsäure berechnet	Sulfat-zahl	Teerz.	Asche %	Herkunft
0,914	197	5,4	0,04	0,02	0,22	0,008	russ. + Texas
0,913	202	6,1	0,07	0,02	0,20	0,010	russ. + Texas + hell. Zyl.
0,909	203	6,4	0,02	0,01	0,18	0,005	russ.
0,913	213	7,3	0,03	0,01	0,17	0,007	russ. + hell. Zyl.
0,910	230	6,8	0,07	0,02	0,21	0,010	pennsylv.
0,926	202	6,6	0,05	0,03	0,22	0,009	rumän.
0,930	200	7,8	0,07	0,04	0,25	0,010	Texas

Auto-Öl.

Die Explosionsmotoren der Automobile werden mit Ölen der verschiedensten Viscositäten geschmiert. Man nimmt reine helle Mineralöle vom Flüssigkeitsgrad 4—18 bei 50° C, denen man oft helle grüne amerikanische Zylinderöle zusetzt. Gewiß läßt sich für jedes Auto gemäß seiner Konstruktion angeben, welches Öl für die Maschine vorteilhaft zu gebrauchen sein müßte, aber die Autobesitzer haben jeder für seinen Motor ein Öl von bestimmter Viscosität als am vorteilhaftesten herausgefunden. Diese Mannigfaltigkeit ist durch die verschiedene Behandlung der Maschine zu erklären. Sehr häufig wird auch aus Sicherheitsgründen mit einem zu viscosen Öl geschmiert, gibt es doch Chauffeure, denen ein Öl nicht dick genug sein kann. Es wird ihnen natürlich ein derartiges Öl geliefert, das verhältnismäßig teuer ist, aber nötig für die richtige Schmierung ist es nicht. Man kann allerdings die Behauptung aufstellen, daß man bei neuen Motoren ein dünnflüssigeres Öl verwenden und, je länger die Maschinen im Gebrauch sind, ein um so zähflüssigeres Öl nehmen muß. Es ist daher vorteilhaft zu wissen, welche Viscosität diejenige Sorte hat, die augenblicklich zufriedenstellend arbeitet, damit man hiernach seine Nachbestellungen richtet. Im allgemeinen muß ein luftgekühlter Motor ein viscoseres Öl haben als ein wassergekühlter. Auch übt die Jahreszeit bei der Auswahl des Öles einen Einfluß aus. Im warmen Sommer wird das Öl dünnflüssiger. Man muß daher ein solches mit höherer Viscosität verwenden, denn auf einen ungefähr gleichbleibenden Flüssigkeitsgrad bei der jeweiligen Außentemperatur ist großer Wert zu legen, damit z. B. bei Tropfölung die Öler bei Verwendung von verschiedenen Sorten nicht jedesmal verstellt zu werden brauchen. Im Handel findet man daher auch Sommer- und Winteröle. Erstere sind schwerflüssig. Man muß derartige Öle nehmen, weil ein Automobil in der Sonne auf der Landstraße oder dem heißen Asphaltpflaster der Großstadt stehengelassen wird, wobei das Öl an Zähflüssigkeit ganz gewaltig einbüßt.

Winteröle müssen kältebeständig sein, damit keine Schwierigkeiten entstehen, sie durch die Zuführungskanäle an die Verbrauchsstellen zu drücken.

Ist das Öl zu dünnflüssig, so arbeitet es unrationell, da es bei höherer Temperatur an Schmierfähigkeit einbüßt. Die Folge davon ist, daß die Zylinder abschleifen und undicht werden, wodurch man an Kompression verliert. Die heißen Gase treten in das Untergehäuse, wo die Pleuel arbeiten und das Öl durch Erwärmung und Aufnahme von Betriebsstoff dünnflüssig machen. Ist es zu wenig viscos, so wird es außerdem durch die eintauchenden Pleuelstangen nicht gut allen Schmierstellen zugeschleudert, und es entsteht die Gefahr, daß der Motor trockenläuft, heiß wird und sogar ein Lager auslaufen kann.

Im allgemeinen verwendet man zur Autozylinderschmierung keinen Zusatz von fetten Ölen, doch findet man auch Ausnahmen. So setzt eine amerikanische Firma einem ihrer Schmieröle 5,5% Schweineschmalz zu, um eine bessere Schmierwirkung zu erzielen. Namentlich hat sich aber das Ricinusöl bewährt. Man findet im Handel Autoöle mit Zusätzen von 3—30% dieses Öles. Reines Ricinusöl ist aber weder im Mineralöl löslich noch mit ihm mischbar. Es muß, damit es diese Eigenschaft erhält, einer bestimmten Behandlung unterworfen werden (siehe S. 104). Für Rennfahrten oder Strecken, auf denen der Motor sehr angestrengt wird, ist die Verwendung von Ölen mit Ricinusölzusatz am Platze, weil die Viscositätskurve gleichmäßig wird und das dicke Öl gut schmiert, nur ist es nicht für den Dauerbetrieb zu verwenden, da sich bald starke Verkrustungen zeigen, die schädlich wirken.

Beim Einkauf von guten Autoölen verlange man:

1. Ein spez. Gew. bei 15° C unter 0,915; es darf bis 0,937 steigen, wenn sehr gut raffinierte Mid-Continent-Öle verwendet sind, die eine niedrige Teerzahl und kleinen Aschengehalt aufweisen.
2. Einen Flammpunkt über 190° C.
3. Einen Gehalt an freier Säure von höchstens 0,07% als Ölsäure berechnet.
4. Einen Aschengehalt von höchstens 0,01%.
5. Eine Teerzahl von höchstens 0,25.
6. Eine Sulfatzahl von höchstens 0,04.

Als Getriebeöl für Getriebe und Differentiale verwendet man helles, auch zum Teil dunkles Zylinderöl, das bei gewöhnlicher Temperatur fest oder halbflüssig ist. Auch Mischungen aus konsistentem Fett, Zylinderöl und zum Teil dunkler Vaseline haben sich bewährt. Sehr brauchbar ist auch eine Schmierung mit Graphitfett oder Zylinderöl mit Graphitzusatz. Durch den großen Druck, mit dem die Zähne aufeinandergepreßt werden, wird das Öl zum großen Teil herausgedrängt, zumal wenn es durch Erwärmen oder längeres Fahren dünnflüssiger geworden ist. Auch die Mischungen mit konsistentem Fett werden dünnflüssiger. Ist Graphit in dem Schmiermittel vorhanden, so überziehen sich die geschmierten Zahnräder und Lager mit Graphit, wodurch die Reibung von Metall auf Metall verhindert wird, selbst wenn die Schmierung aus irgendeinem Grunde nicht stattfinden sollte. Namentlich in den Vereinigten Staaten wird viel Graphitfett verwendet. Der Graphitzusatz beträgt zwischen 2—14%, meist 6 und 12%.

Analysen einiger Autoöle.

Spez. Gew. bei 15 ° C	Flpkt. ° C	Visc. b. 50° C	Freie Säure als Ölsäure berechnet	Sulfatzahl	Teerzahl	Stockpunkt ° C	Asche %	Herkunft
0,880	230	10,5	0,04	0,01	0,15	— 1	—	pennsylv.
0,918	202	7,0	0,04	0,03	0,18	+ 2	0,010	„
0,905	204	11,0	0,02	0,02	0,17	+ 6	0,008	„
0,905	240	17,5	0,02	0,02	0,18	+ 7	0,007	„
0,909	215	8,0	0,02	0,01	0,17	—14	0,002	russ. + hell. Zyl.
0,910	220	10,2	0,02	0,02	0,17	—12	0,003	„
0,910	229	15,2	0,025	0,01	0,16	—10	0,003	„
0,910	234	20,3	0,027	0,02	0,16	— 8	0,004	„
0,935	193	8,0	0,021	0,04	0,19	— 3	0,007	Tex. + hell. Zyl.
0,937	201	9,4	0,06	0,04	0,20	—10	0,008	Texas
0,930	214	12,1	0,10	0,03	0,25	— 4	0,01	deutsch
0,932	230	15,3	0,12	0,04	0,27	— 3	0,03	„

Analysen von Getriebeölen.

Spez. Gew.	Flpkt. ° C	Visc. b. 50° C	Visc. b. 100° C	Visc. bei 20° C	Farbe	Stpkt. ° C	Herkunft
0,919	270	28,0	3,5	nicht flüssig	hellgrün	+12	pennsylv.+Mid-Cont.
0,888	260	24,0	3,0	„	„	+10	pennsylv.

Betriebsstörungen hängen meist nicht direkt mit dem Schmieröl zusammen, wenn ein einwandfreies Öl genommen worden ist, obwohl die Schuld von den Chauffeuren gern auf das Öl geschoben wird, weil es Veränderungen zeigt. Diese sind aber sekundärer Natur und Folgeerscheinungen, die von anderen Ursachen herrühren.

Die Entwicklung der letzten Jahre hat gezeigt, daß die Verwendung von Spiritus als Zusatz zum Betriebstoff zugenommen hat, da er sich etwas billiger stellt und das Klopfen des Motors verhindern soll. Monopolinkraftstoff enthält z. B. 30 Teile absoluten Alkohol und 70 Teile Benzin. Ohne Zweifel ist Spiritus als Treibkraft geeignet, wenn er auch schwerer verdampfbar ist. Der Motor muß daher bei höherer Temperatur laufen und der Spiritus mit anderen Betriebstoffen vermischt werden, aber immer wieder werden Klagen laut, daß die Zylinder und Tanks angefressen werden. Durch diese Anfressungen, die durch Rosten des Eisens entstehen, kommen Rostteile in den Zylinder, wo sie bei der Verbrennung zurückbleiben, sich anreichern und so zu Rückständen

Anlaß geben. Man muß beim Motorspiritusbetrieb, um die Korrosionsgefahr zu verringern, vor allen Dingen den Vergaser richtig einstellen, damit vollständige Verbrennung eintreten kann, und dafür sorgen, daß der Tank öfter gründlich gereinigt wird.

Mehr und mehr wird Reklame gemacht für Motalin, das ebenfalls das Klopfen verhindern soll. Motalin ist Dapolin (also Benzin) mit 4% Zusatz von Motyl. Letzteres ist eine etwa 50proz. Lösung von Eisencarbonyl in Dapolin. Bei der Verbrennung des Motalins im Zylinder bleibt Eisenoxyd als Rückstand zurück, das sich auf den Wandungen des Verbrennungsraumes, auf dem Kolbenboden und auch auf den Zündkerzen niederschlägt und diese sogar durch Überbrückung außer Tätigkeit setzt. Hier wird also direkt eine feste Substanz in den Verbrennungsraum gebracht. Man ist sonst allgemein bemüht, gerade feste, unverbrennliche Substanzen fernzuhalten, verlangt vom Öl einen niedrigen Aschengehalt, aber hier soll man plötzlich über diese Mängel hinwegsehen. Der Eisenoxydbeschlag gibt natürlich zu Störungen Veranlassung.

Es sei an dieser Stelle auch der im Handel angepriesenen Brennstoffsparer gedacht, durch die dem Verbraucher bei einem lächerlich kleinen Zusatz des Mittels eine Ersparnis bis zu 35% angepriesen wird. Nun ist es eine bekannte Tatsache, daß meist mehr Brennstoff als unbedingt nötig gebraucht wird. Hierauf bauen derartige Firmen ihren Plan. Sie schreiben vor, daß die Düsen, wenn ihr Präparat zugesetzt wird, verkleinert werden müssen, wodurch der Verbrauch an Betriebsstoff naturgemäß geringer wird. Man würde auch ohne den Zusatz mit kleineren Düsen ebensogut fahren, aber dem Mittel wird der Minderverbrauch dann zugeschrieben.

Einige dieser Zusätze enthalten für den Motor schädliche Stoffe, die auch in ganz geringer Menge Anfressungen hervorrufen, wie es schwefelhaltige oder Nitroverbindungen tun, die bei der Verbrennung schwefelige Säure oder nitrose Dämpfe geben.

Man hat auch versucht, Emulsionsöle, ähnlich den Dampfzylinderölemulsionen, als Autoöl zu verwenden (Autotechnik 10; Nr. 8. 1921), doch ist man nicht damit durchgedrungen. Ein Autozylinder ist mit einem Dampfmaschinenzylinder nicht zu vergleichen. In einem Motor verbrennt das Öl zum Teil mit dem Betriebsstoff, in einer Dampfmaschine nicht.

Flugzeugmotoren-Öl.

Für Flugzeuge mit inneren Verbrennungsmotoren nimmt man gern Ricinusöl (siehe S. 104). Dieses hat sich bewährt, da die Umdrehungszahl der Maschine sehr hoch ist und eine große Schlüpfrigkeit gewährleistet wird. Das Öl ist aber nicht neutral und nimmt im Gegensatz zur allgemeinen Annahme Gasolin und Benzin auf, wodurch es leichter wird. Es hat allerdings einen niedrigen Gefrierpunkt. Da es sehr teuer ist, wird oft ein Gemisch von vegetabilem Öl mit Mineralöl zur Schmierung genommen, dessen Flammpunkt 230—280° C sein, während das spez. Gewicht höchstens 0,920 betragen soll. Reines Ricinusöl gibt schwere, schellackähnliche Kohlenüberzüge. Man nimmt daher auch, namentlich in den Vereinigten Staaten, reine Mineralöle, deren Ablagerungen leicht und flockig sein sollen.

Großgasmaschinen-Öl.

Große Gasmaschinen verlangen ein normal- bis dickflüssiges Öl, je nach Größe, ja, Motoren von 1000 PS ein solches von der Viscosität über 10 bei 50° C. Derartigen Ölen setzt man öfters, um die nötige Viscosität zu erhalten, die es bei rein pennsylvanischen Maschinenölen nicht gibt, mehrere Prozente von hellem, amerikanischem Zylinderöl zu, was sich sehr gut bewährt hat und die Schmierung günstig beeinflußt. Die Öle sehen oft ein wenig getrübt aus, was kein Nachteil ist, denn die Trübung besteht aus Flöckchen von Weichparaffin.

Zum Treiben der großen doppelt wirkenden Viertaktgasmaschinen werden die Abgase der Hoch- und Koksöfen benutzt, auf deren gute Reinigung es besonders ankommt. Das Gichtgas der Hochöfen enthält bei ungenügender Reinigung Gichtstaub, der bis zu den Zylindern gelangen und dann zu Rückständen Veranlassung geben kann. Koksgas kann leicht infolge seines Schwefelgehaltes, und weil es noch teerige Substanzen in Nebelform mitreißt, Zersetzungen des Schmieröles bewirken, was dieselben Erscheinungen hervorrufen kann. Es ist daher geboten, die Reinigung der Schieberkästen, wo sich meist Unreinlichkeiten des Gases absetzen, öfters vorzunehmen, unter normalen Umständen mindestens alle drei Monate, bei schlechtem Gas häufiger, oft alle 4 Wochen.

Da alle Teile der Gasmaschinen mit Wasser gekühlt werden, so kommen bei ihnen allzu hohe Temperaturen nicht in Frage, zumal die verwendeten Gase stark durch den indifferenten Stickstoff verdünnt sind. Die Temperatur kann im Zylinder nur bis 500° C steigen und beträgt an den Wandungen meist nicht über 200° C; immerhin sind die Temperaturen, die auf das Schmieröl einwirken, hoch genug. Zur Schmierung der Gaszylinder darf nur ein gut raffiniertes, säurefreies Öl mit hohem Zünd- und Flammpunkt zur Verwendung kommen, auch soll es wenig verdampfen und ohne Hinterlassung von Rückständen verbrennen. Pennsylvanische oder russische Öle eignen sich besonders gut, aber auch erstklassige westliche Öle sind geeignet. Einige Verbraucher verwenden Voltolöl (siehe S. 86). Von einem Großgasmaschinenöl sollte man verlangen:

<pre>
Flammpunkt i. o. T. . . . . mindestens 200° C
Flammpunkt n. Pensky-Martens . mindestens 185° C
Viscosität bei 50° C für Viertaktmaschinen   5—10
Viscosität bei 50° C für Zweitaktmaschinen   8—15
Freie Säure als Ölsäure berechn. höchstens   0,04 %
Teerzahl . . . . höchstens   0,18
Asche . . . . höchstens   0,01 %
</pre>

Analysen einiger bewährter Großgasmaschinenöle.

Spez. Gew. bei 15° C	Flpkt. i. o. T. ° C	Flpkt. Pensky-Martens ° C	Visc. bei 50° C	Freie Säure als Ölsäure berechnet	Teerz.	Asche %	Herkunft
0,935	201	185	9,8	0,028	0,17	0,007	Texas
0,916	209	186	5,4	0,035	0,2	—	Russ. + Texas + hell. Zyl.
0,910	210	193	6,1	0,028	0,17	—	Penns. + russ. + hell. Zyl.
0,913	225	210	10,5	0,03	0,18	0,006	Russisch
0,912	211	195	8,08	0,03	0,17	0,004	Russisch
0,908	213	191	7,2	0,028	0,16	0,005	Russ. + hell.Zyl.
0,912	233	—	6,8	0,038	0,18	0,007	Pennsylv.
0,908	226	205	8,0	0,033	0,17	0,008	Penns.+hell.Zyl.

Dieselmotor-Zylinderöl.

Neuere Versuche haben gezeigt, daß der Brennstoff, der in die stark verdichtete und hoch erhitzte Luft des Zylinders eingespritzt wird, nicht vor der Entzündung verdampft, sondern flüssig verbrennt; demnach muß man auch bei dem Schmieröl nicht so sehr darauf achten, daß es nicht verdampft, als daß es einen hohen Zündpunkt hat. Früher wurden Dieselmotore nur als Viertaktmaschinen gebaut, jetzt aber auch als Zweitaktmaschinen, wodurch sie namentlich für den Antrieb von Schiffen geeigneter sein sollen, allerdings auch an das Schmieröl höhere Anforderungen stellen. Je größer die Maschine ist, um so größer werden auch die Schwierigkeiten, die Wärmemengen zu beherrschen, die in entsprechend hohem Grade auf Kolben und Zylinder übergehen, wobei leicht Überhitzungen der Öle stattfinden können.

Aus diesem Grunde sind Öle mit hohem Flamm- und Zündpunkt sowie großer Hitzebeständigkeit zu wählen, wodurch die meisten Mid-Continent-Öle ausscheiden.

Der englische Verband der Dieselmaschinengebraucher (Diesel-Enginer-Users-Association) verlangt als geeignete Schmieröle nur solche rein pennsylvanischer Herkunft. Er hat folgende Vorschriften herausgegeben:

	Maschinen bis 240 Umdrehungen	Maschinen über 240 Umdrehungen
Spez. Gew. bei 15° C	höchstens 0,885	mindestens 0,882
Flammp. (Pensky-Martens) .	mindestens 204° C	höchstens 204° C
Visc. nach Engler 21° C . . .	höchstens 44 (etwa 7,5 Englergrade bei 50° C)	mindestens 24 (etwa 4,8 Englergrade bei 50° C)
Visc. nach Engler 93,5° C . .	mindestens 2,5	mindestens 1,8
Stockpunkt	höchstens +2° C	höchstens +2° C
Farbe im durchfallenden Licht	klar rot	klar rot

Weiterhin wird gesagt, daß das spez. Gewicht charakteristisch für den Ursprung des Öles ist, daß pennsylvanische Öle meist ein solches unter 0,900 haben, während Öle aus asphaltigem Rohöl meist hohes spez. Gewicht besitzen. Auch wird das spez. Gewicht als Maßstab für die Widerstandsfähigkeit des Öles benutzt.

Hierzu ist zu bemerken, daß die angegebenen Bedingungen, die an Dieselmotorschmieröle zu stellen sind, für deutsche Verhältnisse nicht passen und geeignet sind, falsche Vorstellungen hervorzurufen.

Es wird nämlich für die Schmierung der Dieselmotoren nur rein pennsylvanisches Öl gefordert und das niedrige spez. Gewicht des Öles als ausschlaggebend hingestellt. Das mag für amerikanische Verhältnisse und von dorther übernommen für englische sein, denn die pennsylvanischen Schmieröle mit ihrer Paraffinbasis und niedrigem spez. Gewicht sind qualitativ besser als die westlichen mit Asphaltbasis und hohem spez. Gewicht. Öle, die den aufgestellten Bedingungen voll genügen, wird man bei uns in Deutschland selten erhalten, da in den Vereinigten Staaten bereits Mischungen verschiedener Ölarten vorgenommen werden, hat doch bei uns ein als pennsylvanisches Öl verkauftes Raffinat von der Viscosität 6,8 bei 50° C ein spez. Gewicht von etwa 0,912.

Es kommt bei den Dieselmotorschmierölen neben guter Raffination hauptsächlich auf die Beständigkeit gegen Erhitzung und den Sauerstoff der Luft an, und da sind z. B. die russischen Öle trotz ihres höheren spez. Gewichtes den rein pennsylvanischen ebenbürtig oder überlegen. Auch haben sich Mischungen von russischem Öl mit pennsylvanischem hellen Zylinderöl bewährt, ja auch Texasöle bester Sorte geben keine Anstände, allerdings geht man mit der Viscosität höher bis etwa 10 bei 50° C.

Für Rohölmotore nimmt man oft gern unvermischte Öle, also reine Maschinenöle ohne Zusatz von hellen Dampfzylinderölen. Für solche Motoren, die mit hoher Umdrehungszahl arbeiten, ist ein sehr gut haftendes, schmierfähiges Öl mit einer Viscosität von 12—15 erforderlich.

Das Öl soll nicht dünner sein, damit es bei der hohen Umdrehungszahl, z. B. der zu schmierenden Kurbelwelle, nicht fortspritzt.

Die Ansicht, daß das spez. Gewicht einen Maßstab für die Widerstandsfähigkeit der Öle im Gebrauch abgibt, und zwar so, daß das Öl um so besser ist, je niedriger das spez. Gewicht ausfällt, ist irrig, wenn man auch Öle aus anderen Ländern, nicht nur aus Nordamerika, in Betracht zieht. Ferner ist es nicht nötig, daß der Flammpunkt im geschlossenen Tiegel mindestens 204° C, also 400° F, beträgt, es genügt ein solcher von etwa 190° C, da das Schmieröl an den Zylinderwandungen haftet, die gekühlt sind. Auch wird der hin und her gehende Kolben für eine Vermengung des Öles sorgen, so daß kühlere Teile mit heißen gemischt werden. Das Öl braucht nur eine Temperatur von etwa 140° C auszuhalten.

Normalerweise gelangt stets etwas Schmieröl in den Verbrennungsraum, aus welchem Grunde man von einem guten Öl verlangen muß, daß es restlos verbrennt. Das Schmieröl darf nicht zu dickflüssig sein, da sonst die Reibung zwischen Zylinder und Kolben zu groß wird. Auch neigen dickflüssigere Öle meist mehr zur Rückstandsbildung. Zu dünnflüssig darf das Öl aber auch nicht sein, da die Schmierung und Abdichtung unvollkommen würde, weil sich das Öl durch den Druck wegdrücken ließe, die Schmierung illusorisch und starke Abnutzung die Folge sein würde.

Es sollte daher beim Kauf von Dieselmotorschmieröl auf folgendes geachtet werden:

1. Auf möglichste Säurefreiheit (höchstens 0,07% freie Säure als Ölsäure berechnet);

2. auf niedrigen Aschegehalt (höchstens 0,01%);

3. auf möglichst niedrige Teerzahl (unter 0,18), die einen Maßstab für die Beständigkeit des Öles abgibt;

4. die Viscosität sei mindestens 6, bei pennsylvanischen und russischen Ölen genügt eine solche von höchstens 8,5, während man bei Mid-Continent- und ähnlichen Ölen eine solche von 9—11 vorzieht.

In der Praxis ist es nicht angenehm, wenn man verschiedene Öle an einer Maschine zu verwenden hat. Am vorteilhaftesten wäre es, wenn man Lager, Arbeitskolben und Luftpumpe mit einem Öl schmieren könnte und nicht auf drei Sorten angewiesen ist. Als Einheitsöl müßte ein Öl mit folgenden Eigenschaften verlangt werden:

Spez. Gew. bei 15° C	höchstens 0,914
Flammpunkt i. o. T.	205—225° C
Viscosität bei 50° C	5—7
Säure als Ölsäure berechnet	höchstens 0,07%
Aschegehalt	höchstens 0,01%
Teerzahl	höchstens 0,18

Analysen einiger Dieselmotor-Zylinderöle.

Spez. Gew. bei 15° C	Flpkt. ° C	Visc. bei 50° C	Freie Säure als Ölsäure berechnet	Teerzahl	Asche %	Herkunft
0,909	207	6,4	0,03	0,17	0,004	russisch
0,907	228	5,2	0,035	0,09	0,01	Ohio
0,906	219	5,4	0,04	0,18	0,008	pennsylvan.
0,880	222	6,3	0,033	0,06	0,006	„
0,912	230	6,8	0,06	0,18	0,01	„
0,910	207	7,0	0,034	0,17	0,006	russ. + hell. Zyl.
0,887	229	7,1	0,034	0,11	0,008	pennsylvan.
0,935	205	9,4	0,063	0,18	0,008	Texas

Als Lageröle sind keine minderwertigen Öle zu nehmen. Teerartige und andere Substanzen dürfen nicht vorhanden sein, weil dadurch leicht die Schmierkanäle und Nuten verstopft werden. Die Öle dürfen nicht zu dünnflüssig sein, damit sie gut an den Schmierflächen haften und nicht fortgedrückt werden können. Als Höchstviscosität kann man 7 bei 50° C annehmen.

Dampfturbinen-Öl.

Die Dampfturbine ist eine Maschine, die ein besonders gutes Schmieröl verlangt. Hier wird dasselbe Öl immer wieder, oft monatelang, zum Schmieren benutzt und bleibt bei höherer Temperatur mit den zu schmierenden Maschinenteilen in Berührung. Es ist klar, daß sich das Öl bei dieser Beanspruchung verändern muß, und man hat daher, um festzustellen, auf welche Eigenschaften man bei dem Öle besonders achten muß, gebrauchte Öle genau untersucht und die erhaltenen Ergebnisse mit denen des ungebrauchten Öles verglichen. Ein gebrauchtes Öl hat einen höheren Säuregehalt, enthält Bodensatz, der aus Wasser, Öl und Eisenseife besteht, das spez. Gewicht hat sich erhöht, ebenfalls die Viscosität. Es ist festgestellt, daß die Verdickung des Öles infolge Oxydation ungesättigter Kohlenwasserstoffe durch den Luftsauerstoff vor sich geht und Säuren entstehen, welche die Bildung von Eisenseifen hervorrufen. Hieraus folgt, daß ein gutes Dampfturbinenöl vor allen Dingen möglichst indifferent gegen Sauerstoff und Wasser sein muß, welche nie ganz fernzuhalten sind. Das Wasser dringt infolge der Undichtigkeit der Stopfbüchsen ein, die meist nicht dampfdicht sind. Das Öl darf mit Wasser keine Emulsion geben, oder mit anderen Worten, Wasser und Öl müssen sich leicht trennen.

Alle Dampfturbinenöle werden einer Oxydationsprobe unterworfen, welche die sog. Verteerungszahl ergibt. Je niedriger dann diese ausfällt, desto besser ist das Öl oder, was noch genauer kennzeichnet, je kleiner die Differenz zwischen Teer- und Verteerungszahl ist, desto besser ist es. Ebenfalls müssen die Öle auf Emulgierbarkeit untersucht werden. Diese kann man feststellen, indem man gleiche Mengen Öl und heißes Wasser im Schüttelzylinder 5 Minuten lang schüttelt und die Schnelligkeit der Scheidung beider und die bleibende Emulsionsschicht beobachtet oder besser, indem man sie durch Einleiten von Wasserdampf feststellt. Ein nichtemulgierendes Öl trennt sich in wenigen Minuten in Öl und Wasser, während bei schlechten Sorten an der Trennungsfläche eine Emulsionsschicht bleibt. Ist diese Schicht nicht stärker als 2 mm, so gilt das Öl als schwach emulgierend; ist sie größer oder sogar nicht klar zu erkennen, so ist es stark emulgierend. Durch langes Lagern des Öles, selbst in geschlossenen Eisenfässern, verschlechtert sich die Emulsionsprobe. Je niedriger das spez. Gewicht des gut raffinierten Öles ist, um so leichter können sich Öl und Wasser trennen.

Wird aber die Raffination zu weit getrieben, um eine niedrige Emulgierbarkeit zu erreichen, so verlieren die Öle mit hoher Viscosität an Schmierfähigkeit. Man sollte daher allzu hoch viscose Öle lieber nicht zu weit raffinieren, lieber die Erhöhung der Viscosität dadurch bewirken, daß man zu einem als Turbinenöl raffinierten mittleren Öle einige Prozente (10—12%) eines pennsylvanischen flüssigen, hellen Zylinderöles hinzugibt. Die Verteerungszahl sowie die geringe Emulgierbarkeit leiden dann nicht.

Turbinenöle haben sehr unter Zersetzungserscheinungen zu leiden. Zwar sind als Ursache meist mechanische Verunreinigungen festgestellt, die durch Nachlässigkeit im Betriebe in den Ölumlauf gelangen; oft sind Sand, tonige Massen, Kreide gefunden worden, alles Dinge, die schleifend auf Zapfen und Lagermetall wirken; ferner Holzstücke, Putzwolle, Dichtungsmasse, Eisenstücke (Splinte) u. dgl., Gegenstände, die, zerrieben, Temperaturerhöhungen und damit Zersetzungserscheinungen des Öles herbeiführen. Es wird dann das spez. Gewicht erhöht, ebenso mehrfach der Flammpunkt, auch die Viscosität steigt infolge des Auftretens von Seifen, die Asche wird vermehrt. Ebenfalls steigen die Verteerungszahl und der Säuregehalt. Die Säuren sind zuerst flüssig, haben aber die Eigenschaft, zu verharzen und zu verkrusten. Sind die ersten Zersetzungserscheinungen aufgetreten, so vermehren sich die Rückstände schnell, weil das Wasser mit dem Öl innig vermengt wird und immer neuer Luftsauerstoff die Bildung von Seifen begünstigt. Diese Seifen gehen zum Teil mit ins Kondenswasser. Ihre Vermehrung wird aber energisch, wenn das Wasser alkalisch reagiert.

Man muß bei der Auswahl des Turbinenöles einen Unterschied zwischen Groß- und Kleinturbinen machen. Als Kleinturbinen sind alle anzusprechen, die mit einem Laufrad, ferner die mit direkter Steuerung durch Fliehkraftregler oder hydraulische Regler versehen sind. Diese Turbinen haben meist unter 300 PS, doch können auch solche bis 1000 PS als Kleinturbinen ausgeführt werden. Die meisten Kleinturbinen sind schnell laufende Maschinen mit einer Umfangs- bzw. Gleitgeschwindigkeit der Lagerzapfen von 30 m, oder mittelschnell laufende mit einer Umfangsgeschwindigkeit von 20 m. Die Tourenzahl, die gewöhnlich 3000 in der Minute ist, spielt schmiertechnisch keine Rolle. Je größer die Kleinturbine ist, um so größer ist auch der Wärmefluß in der Welle von der Turbine nach dem Lager. Die Lager weisen lediglich Kühlmäntel auf, die von Kühlwasser durchflossen werden. Der Heizungseinfluß ist größer als der der Lagerreibung selbst, so daß die Temperatur bis 80 °C steigen kann. Es ist daher das Öl bei den größeren Kleinturbinen nicht zu dünnflüssig zu nehmen, da sonst der Schmierring zu klappern anfängt. Für die größere Kleinturbine geht man mit der Viscosität bei 50 °C bis zu 4,5, während die kleinen mit einem Öl von 2,8—3,2 geschmiert werden.

Eine Zahnradpumpe saugt das Öl aus einem Behälter an und drückt es in die Leitungen, die zum Lager führen.

Großturbinen haben Druckölschmierung. Das Öl wird zwangsläufig rückgekühlt. Die Herstellung der Drucköllager ist sehr teuer, aber vorteilhafter, auch kann Wasser weniger gut eindringen. Ferner sind diese Turbinen mit mehreren Rädern oder Trommeln ausgerüstet. Man baut sie von 300 PS an, und zwar nur als mittelschnell laufende mit einer Umfangsgeschwindigkeit von 20 m und langsam laufende mit einer Umfangsgeschwindigkeit von 10 m. Als Schiffsturbine kommt nur diese Art in Frage. Man nimmt für sie Öle von der Viscosität 3,8 bis 6,0 bei 50 °C. Die Triebturbine könnte an und für sich mit einem dünnflüssigeren Öl auskommen, aber nicht die Räderanlage, von der das Öl weggespritzt werden würde.

Die Hauptsache für eine gute Turbine ist die Wartung. *Frank* (Petr. 1924, 1488) schreibt hierzu: „Wo eine Turbine mit allen idealen Mitteln der Technik betrieben wird, das heißt also, wo gut überhitzter trockener Wasserdampf vorhanden ist, wo Wasserschläge möglichst vermieden werden, wo die Reinigung des Wassers so geführt wird, daß, wenn einmal Wasserschläge entstehen, doch nicht alkalisches Wasser in das Getriebe kommen kann, wo die Öldruckpumpe so behandelt wird, daß sie sicher keine Luft ansaugen kann, ist Gefahr nicht zu befürchten.“

Die Bedingungen für brauchbare Turbinenöle sind:

Spez. Gew. bei 15 °C	0,870—0,920
Flammpunkt i. o. T.	gleichgültig
Flammpunkt Pensky-Martens	mindestens 180° C
Viscosität bei 50 °C 2,8—3,2 für Kleinturbinen	} ohne Druck-
Viscosität bei 50° C 3,0—4,5 für größere Kleinturbinen	} ölschmierung
Viscosität bei 50° C 3,8—6,0 für Großturbinen mit Druckölschmierung	
Verteerungszahl 120° C, 50 St.	höchstens 0,20
Säure als Ölsäure berechnet	höchstens 0,06
Emulsionsprobe	nicht, höchstens schwach emulgierend.

Brauchbare Dampfturbinenöle.

Spez. Gewicht bei 15° C	Fl.-pkt. i.o.T. ° C	Fl.-pkt. Pensky-Martens ° C	Visc. 50° C	Emulsionsprobe	Verteerungszahl	Asche %	Säure als Ölsäure berechnet	Farbe	Herkunft
0,876	221	213	2,9	nicht emulg.	0,14	0,004	0,02	hellgelb	pennsylvan.
0,874	217	207	3,2	„	0,09	0,005	0,02	„	„
0,873	208	189	4,5	„	0,10	0,003	0,02	„	„
0,915	192	182	3,6	schwachemulg.	0,17	0,007	0,04	„	deutsch
0,918	196	185	3,5	nicht emulg.	0,19	0,007	0,05	„	„
0,895	187	181	3,1	„	0,16	0,002	0,02	„	russisch
0,990	195	186	4,4	„	0,14	0,002	0,02	„	„
0,903	213	200	5,9	„	0,17	0,003	0,025	„	„
0,881	237	227	4,4	„	0,13	0,007	0,014	gelb	} pennsylv. m.
0,880	237	219	5,5	„	0,10	0,009	0,06	hellrot	} hell. Zyl.
0,889	206	198	3,2	„	0,18	0,002	0,015	hellgelb	westamerik.

Wasserturbinenöl.

Ähnlich wie bei den Dampfmaschinen liegt es in bezug auf die Schmierung bei den Wasserturbinen. Es gibt zu viele verschiedene Systeme und Größen, als daß man sagen könnte, ein Öl von bestimmten Eigenschaften ist brauchbar. Auch hier kommt es auf den Lagerdruck an, und es ist bei hohem Lagerdruck und größeren Maschinen ein viscoseres Öl bis zur Viscosität 8 bei 50° C zu nehmen. Es ist angenehm, wenn das Öl kältebeständig ist, aber hauptsächlich ist darauf zu achten, daß es nicht emulgiert. So scharf wie bei den Dampfturbinen ist diese letztere Vorschrift nicht zu nehmen, immerhin scheiden dadurch die weniger gut raffinierten Sorten der westamerikanischen Asphaltöle aus. Weitere Anforderungen in bezug auf Höhe des Flammpunktes, Farbe, spez. Gewicht werden nicht gestellt, so daß man neben pennsylvanischen gut mit russischen Ölen arbeiten kann. Andererseits werden auch Öle mit einem Zusatz von fetten Ölen verlangt, was natürlich die geringe Emulgierbarkeit beeinträchtigt.

Einige bewährte Wasserturbinenöle.

Spez. Gew. bei 15° C	Flpkt. ° C	Visc. bei 50° C	freie Säure als Ölsäure berechnet	Herkunft
0,905	205	5,04	0,03	pennsylvanisch
0,880	196	2,8	0,02	„
0,911	210	6,3	0,035	russisch
0,905	215	5,9	0,70	{ pennsylvanisch, 2,5% pflanzl. Öl

Eismaschinen-Öle.

Diese Öle dienen hauptsächlich zum Schmieren der Zylinder an Ammoniak- und Kohlensäureeismaschinen und ihrer Kompressoren. Schwefligsäureeismaschinen gebrauchen kein Öl, da die flüssige schweflige Säure selbst schmiert. Die Hauptbedingung ist, daß das Öl kältebeständig ist. Es muß mindestens bei — 20° C, möglichst bei noch tieferer Temperatur vollkommen flüssig und klar sein. Demnach kann nur ein paraffinfreies Öl in Betracht kommen. Auf Neutralität ist großer Wert zu legen (freie Säure als Ölsäure berechnet höchstens 0,07%), da bei sauren Ölen die sich bildenden Eisenseifen den Kältepunkt heraufsetzen.

Da das Öl bei großer Kälte gebraucht wird, also dickflüssiger als bei Zimmertemperatur wird, genügt eine Viscosität bei 20° C von 4—8. Um eine Verwechslung dieser Öle mit gewöhnlichen Maschinenölen im Betriebe zu vermeiden, werden derartige kältebeständige Öle oft mit einigen hundertstel Prozenten öllöslicher Anilinfarbe leicht rot gefärbt.

Nach amerikanischen Vorschriften soll ein Eismaschinenöl folgende Teste haben:

Flammpunkt 365—400° F = 185—204° C.
Viscosität Saybold 100 bei 100° F = etwa 2 Englergrade bei 50° C.
Stockpunkt 0 bis —5° F = —17 bis 21° C.

Es kommen für Eismaschinen hauptsächlich russische Öle in Betracht, ferner auch Texas- und rumänische Öle.

Bewährte Eismaschinenöle.

Spez. Gew. bei 15° C	Flpkt. °C	Visc. bei 20° C	Visc. bei 50° C	Freie Säure als Ölsäure berechnet	Stockpkt. °C	Herkunft
0,918	155	6,0	2,0	0,04	—30	Texas
0,884	150	4,7	1,8	0,02	—50	russisch
0,887	154	5,2	1,9	0,02	—35	,,
0,891	188	7,4	2,2	0,02	—18	pennsylvanisch

Kohlensäuremaschinenschmierung.

Die Maschinen zur Verflüssigung der Kohlensäure schmiert man am vorteilhaftesten mit Vaseline. Man nimmt gelbe amerikanische Naturvaseline, die völlig geruch- und geschmacklos sein soll. Diese Bedingung muß gestellt werden, damit die Kohlensäure keinen Mineralölgeruch oder -geschmack annimmt. Die Vaseline soll einen Tropfpunkt von über 40° C haben.

Brikettpressen-Öl.

Das am meisten beanspruchte Lager einer Brikettpresse ist das mittlere Preßkopflager. Um dieses zu kühlen, wird von außen Wasser in zwei starken Strahlen auf das Lagergehäuse geleitet. Zur Schmierung des Preßkopflagers hat sich reines rohes Rüböl (siehe S. 101) bewährt, das nicht zu sauer sein darf (freie Säure als Ölsäure berechnet höchstens 1,5). Bei der Verwendung soll das Lager höchstens eine Temperatur von 10° C über der Temperatur des Kühlwassers haben.

Neben Rüböl werden auch Mineralöle zur Schmierung genommen, die einen hohen Flammpunkt und eine Viscosität über 6 bei 50° C haben, auch Mineralöle mit Zusatz von Rüböl sind im Gebrauch.

Die Wasserkühlung fällt fort, wenn Umlaufschmierung vorhanden ist. Sie bedingt einen ruhigen Gang in den mittleren und Seitenlagern, womit eine Schonung aller übrigen Teile verbunden ist. Die Viscosität braucht dann nur über 5 bei 50° C zu sein, wobei pennsylvanische und russische Öle vorzuziehen sind.

Bewährte Brikettpressenöle.

Spez. Gew. bei 15° C	Flpkt. ° C	Visc. bei 50° C	Freie Säure als Ölsäure berechnet	Asche %	Rüböl %	Herkunft
0,914	308	4,15	1,40	0,03	100	—
0,937	189	6,5	0,35	0,02	—	Texas
0,908	209	6,7	0,02	—	—	russisch mit 5% hell. Zyl.-Öl
0,923	107	6,0	0,50	0,02	22	78% Texas 50:6,5
0,905	206	5,2	0,04	0,01	—	pennsylvanisch
0,928	205	5,4	1,10	0,02	37	63% Texas 50:6,5

Nähmaschinen- und Fahrrad-Öl.

Auf das äußere Aussehen dieser Öle legen die Käufer sehr viel Wert. Das Öl soll möglichst weiß, am liebsten wasserhell sein und einen niedrigen Gefrierpunkt haben. Derartige Öle führen den Namen Weiß- oder Vaselinöle. Der Fabrikant muß sich den Wünschen der Käufer fügen, obwohl ihm bewußt sein wird, daß der Schmierwert der weißen Öle nicht größer, sondern sogar geringer ist als der der gelblichen, und daß es bei der Schmierung dieser kaltlaufenden Teile nicht auf besonders gute innere Eigenschaften ankommt. Die Erzielung einer rein wasserhellen Farbe durch Behandlung mit rauchender Schwefelsäure und Bleicherden ist sehr teuer, da die Verluste bedeutend sind. Die bestraffinierten Spindelöle, die oft unter dem Namen gelbe Vaselinöle im Handel sind, sind bedeutend billiger, leisten dasselbe und sollten für diese Zwecke mehr verwendet werden. Vielfach wird den Mineralölen raffiniertes und kältebeständiges Knochenöl oder Olivenöl (siehe S. 105 u. S. 108) in Mengen von 5—15% zugesetzt, was sehr vorteilhaft für den Schmierwert ist. Da diese Öle nicht nur Schmier-, sondern auch Rostschutzzwecken dienen sollen, so muß das Mineralöl völlig neutral sein, ebenfalls das fette Öl, wozu Knochenöl besonders geeignet ist, weil es nur wenig zum Ranzigwerden neigt und infolge seiner niedrigen Jodzahl (siehe S. 102) nicht eintrocknet. Auch ist es als gutes kältebeständiges Öl im Handel. Die Viscosität der Schmieröle schwankt zwischen 1,8 und 3,8 bei 50° C.

Ein gutes Vaselinöl muß eine gewisse Kältebeständigkeit besitzen und bei tiefer Temperatur noch klarfließend sein. Aus diesem Grunde kommen eigentlich nur die russischen Öle in Betracht. Sie bilden eine Spezialität, denn aus keinem anderen Rohöl ließ sich bis jetzt ein ebenbürtiges Öl herstellen. Zwar bringen die Amerikaner seit einigen Jahren Weißöle in den Handel, die gut sind, aber in bezug auf den niedrigen Kältepunkt mit den russischen Ölen nicht konkurrieren können.

Für Nähmaschinen wird zuweilen auch chemisch reines, möglichst wasserfreies Glycerin als Schmiermittel empfohlen, da es keine Fettflecke auf den genähten Stoffen zurückläßt. Für die Maschine selbst ist die Ölschmierung besser.

Bewährte Nähmaschinen- und Fahrradöle.

Spez. Gew. b. 15° C	Flpkt. ° C	Visc. bei 20° C	50° C	Freie Säure als Ölsäure berechnet	Fettes Öl %0	Fettes Öl Art	Stock-pkt. ° C	Farbe	Herkunft
0,850	175	4,5	2,0	0,014	—	—	— 2	wasserhell	pennsylv.
0,866	160	4,6	2,0	0,016	—	—	—20	,,	russisch
0,873	160	4,8	2,1	0,02	—	—	—20	fast weiß	,,
0,881	183	10,4	2,7	0,02	—	—	—15	,, ,,	,,
0,866	213	13,0	3,5	0,08	—	—	0	gelblich weiß	pennsylv.
0,883	185	15,8	3,6	0,02	—	—	—1	fast weiß	russisch
0,855	189	4,8	1,9	0,02	—	—	0	hellgelb	pennsylv.
0,889	185	13,8	3,11	0,66	10	Knochen-öl	—10	gelblich weiß	russisch

Knochenöl:

Spez. Gew. b. 15° C	Flpkt. ° C	Visc. bei 20° C	50° C	Freie Säure als Ölsäure berechnet	Fettes Öl %0	Fettes Öl Art	Stock-pkt. ° C	Farbe	Herkunft
0,914	304	12,8	3,5	0,7	100	—	—10	gelblich weiß	—

Maschinengewehr-Öl.

Nach Vorschrift des Reichswehrministeriums soll das Öl helles Mineralöl mit einem Stockpunkt von — 20° C sein. Die Viscosität bei 20° C soll zwischen 6 und 8, bei 50° C zwischen 2 und 3 liegen. Das Öl soll klar sein, frei von Verunreinigungen, Wasser und Säure.

Es eignen sich am besten hierzu Mid-Continent- und Texas-Öle.

Spez. Gew. bei 15° C	Flpkt. ° C	Viscos. bei 20° C	50° C	Stockpkt ° C	Freie Säure als Ölsäure berechnet	Asche %0	Herkunft
0,918	158	6,5	2,0	—20	0,07	0,08	Oklahoma
0,909	160	6,5	2,0	—20	0,03	0,003	Texas

Schnecken-Öl.

Da bei Schnecken Drucke bis zu 800 kg auf 1 qcm zwischen den geschmierten Oberflächen vorkommen, sind sehr viscose Öle zu verwenden. Man stellt sie aus hellen oder dunklen Dampfzylinderölen, die bei normaler Temperatur nicht flüssig zu sein brauchen, mit einem Zusatz von Maschinenölen her, wobei der Gehalt an Dampfzylinderöl meist über 60 % beträgt.

Vakuumpumpen-Öl.

Das Öl für Hochvakuumpumpen muß bei etwa 50° C und 0,005 mm Quecksilberdruck verbürgt keine Dampfspannung haben, es gilt dann als tensionslos. Da die Dampfspannung des Öles bei 50° C mit der Höhe des Flammpunktes (bestimmt nach *Pensky-Martens*) geringer wird, sind am vorteilhaftesten pennsylvanische Öle mit Flammpunkten über 215° C zu verwenden. Das Heraufdrücken des Flammpunktes durch Zusatz von hellem Zylinderöl hat hier keinen Zweck, es ist vielmehr darauf zu achten, daß das Öl einer einheitlichen Fraktion entstammt. Es sei daher die Differenz zwischen dem Flammpunkt i. o. T. und *Pensky-Martens* höchstens 12° C. Die Viscosität betrage etwa 6—7.

Spez. Gew. bei 51° C	Flpkt. i. o. T. ° C	Flpkt. P.-M. ° C	Visc. b 50° C	Freie Säure als Ölsäure berechnet	Stockpunkt ° C	Herkunft
0,916	230	220	6,8	0,02	+2	pennsylvanisch

Viele Vakuumpumpen werden nicht dazu benutzt, in einem Behälter einen möglichst luftverdünnten Raum herzustellen, sondern um unter vermindertem Druck sich entwickelnde Gase abzusaugen oder bei niedrigerer Temperatur Flüssigkeiten schneller verdampfen zu lassen.

In diesem Falle kommt es auf ein tensionsloses Öl nicht an, sondern man muß eins nehmen, das durch die abstreichenden Dämpfe nicht angegriffen wird und einen genügend hohen Flammpunkt besitzt. Diesen Bedingungen entsprechen meist russische und pennsylvanische Maschinenöle. Die Viscosität braucht nur dann über 6,5 bei 50° C zu steigen, wenn die Pumpe sehr warm wird. Wird nur Wasserdampf abgesogen, können Mid-Continent-Öle von der Viscosität 4—5 bei 50° C als ausreichend verwendet werden.

Milchseparator-Öl.

Die Entrahmungsmethode der Milch mittels Zentrifugen und Separatoren beherrscht heute den Molkereibetrieb. Es gibt Entrahmungsmaschinen für Kraft- und Handbetrieb, und allein daraus erklärt es sich, daß die Umdrehungszahlen der verschiedenen Maschinen schwanken. Die aber stets hohen Umdrehungszahlen verlangen leichtflüssige Öle, und es werden daher zweckmäßig solche mit einer Viscosität von 2,5—3,5 bei 50° C genommen. Dünnflüssigere und dickflüssigere Öle sind im Handel, auch gibt es solche, die 5—10% fettes Öl enthalten. Es scheint so, als ob hier der Fettzusatz geeignet ist.

Steht die Maschine sehr kalt, so ist ein kältebeständiges Öl zu nehmen. Auch kommt es bei dem Öl darauf an, daß es möglichst geruchlos ist, damit die Milch keinen petroleum- oder mineralölartigen Geruch und Geschmack annimmt. Bewährt haben sich daher weiße Vaselinöle, die gänzlich geschmacklos hergestellt werden können, deren allgemeine Anwendung aber der teure Preis verbietet.

Textil-Öle.

Unter dieser Bezeichnung faßt man alle Öle zusammen, die in der Spinnerei und Weberei gebraucht werden. Es werden für alle Zwecke helle Öle verlangt.

Je nach der Schnelligkeit, mit der die Spindeln laufen, ist ein dünnflüssigeres oder ein etwas schwereres Öl zu nehmen. Im Gegensatz zum Maschinenöl wird die Viscosität der Spindelöle oft bei 20° C angegeben. Sie schwankt zwischen 3,3 und 14, was etwa 1,7 und 3,5 bei 50° C entspricht. Gewöhnlich kommt man mit einem hellgelben Spindelöl von der Viscosität 4—6 bei 20° C aus, die Höhe des Flammpunktes ist gleichgültig.

Spindelöle.

Spez. Gew. bei 15° C	Flpkt. ° C	Visc. bei 20° C	Visc. bei 50° C	Stock-punkt ° C	Freie Säure als Ölsäure berechnet	Farbe	Herkunft
0,887	178	5,0	1,9	— 1	0,04	hellgelb	pennsylvanisch
0,890	186	7,2	2,2	— 1	0,05	,,	,,
0,909	160	6,5	2,0	—20	0,035	,,	Texas
0,919	153	6,4	2,0	—20	0,07	,,	Mid-Continent
0,893	180	5,4	2,0	+ 2	0,02	,,	polnisch
0,902	148	5,2	1,9	— 5	0,17	,,	deutsch

Die Maschinenspinnerei verfügt über zwei Hauptarten der Feinspinnmaschinen, den Selfaktor und die Drosselmaschine. Für diese sowie für die Grob- und Mittelflyer sind Öle mit der Viscosität 12—16 bei 20° C im Gebrauch.

Spez. Gew. bei 15° C	Flpkt. ° C	Visc. bei 20° C	Visc. bei 50° C	Stock-punkt ° C	Freie Säure als Ölsäure berechnet	Farbe	Herkunft
0,896	207	14,2	3,2	0	0,03	hellgelb	pennsylvanisch
0,906	193	15,5	3,3	+ 4	0,03	,,	penns. + Mid-Cont.
0,926	162	14,0	2,9	—15	0,05	gelb	Mid-Continent
0,914	168	14,6	2,8	— 2	0,14	gelbrot	deutsch

Für Mittel- und Feinflyer werden Öle von der Viscosität 8—13 bei 20° C genommen.

Spez. Gew. bei 15° C	Flpkt. ° C	Visc. bei 20° C	Visc. bei 50° C	Stockpunkt ° C	Freie Säure als Ölsäure berechnet	Farbe	Herkunft
0,905	188	12,2	3,0	0	0,03	hellgelb	pennsylvanisch
0,925	160	12,9	2,7	—15	0,07	gelb	Mid-Continent

Für Fein-, Doppelfein- und Extradoppelfeinflyer eignen sich am besten Weißöle.

Spez. Gew. bei 15° C	Flpkt. ° C	Visc. bei 20° C	Visc. bei 50° C	Stockpunkt ° C	Freie Säure als Ölsäure berechnet	Farbe	Herkunft
0,865	177	5,6	2,1	— 2	—	fast weiß	pennsylvanisch
0,856	186	5,5	2,0	— 4	—	,, ,,	,,
0,872	155	4,7	2,0	—20	—	weiß	russisch

Ringspindeln, die etwa 7000—8000 Touren in der Minute machen, benötigen ein dünnes Öl, das außerdem ein niedriges spez. Gewicht haben muß. Ein Öl von der Viscosität 2,5—3,5 bei 20° C und 1,4—1,6 bei 50° C mit einem spez. Gewicht von etwa 0,850—0,860 ist besonders vorteilhaft zu verwenden.

Spez. Gew. bei 15° C	Flpkt. ° C	Visc. bei 20° C	Visc. bei 50° C	Stockpunkt ° C	Freie Säure als Ölsäure berechnet	Farbe	Herkunft
0,855	181	3,8	1,65	+2	0,032	hellgelb	pennsylvanisch
0,861	168	3,4	1,6	+2	0,028	,,	,,
0,854	178	2,6	1,4	+1	0,021	,,	,,

Für Kratzenmaschinen sind größtenteils Öle mit einem Zusatz von fettem Öl im Gebrauch. Der Fettgehalt schwankt zwischen 2 und 15%. Die Viscosität ist etwa 1,7—3,5 bei 50° C.

Spez. Gew. b. 15° C	Flpkt. ° C	Visc. bei 20° C	Visc. bei 50° C	Stockpunkt ° C	Freie Säure als Ölsäure berechnet	Fettes Öl Art	Fettes Öl Menge	Farbe	Herkunft
0,900	170	7,8	2,3	—5	0,20	Knoch.-Öl	2%	gelb	penns.+Tex.
0,877	163	4,0	1,7	—2	0,40	,,	10%	hellgelb	pennsylvan.
0,913	191	14,0	3,3	—5	1,42	,,	15%	gelb	Mid-Contin.
0,916	189	16,2	3,5	—9	0,17	,,	fehlt	,,	,,

Als Webstuhlöle sind raffinierte Mineralöle von den verschiedensten Viscositäten von etwa 3—8 bei 50° C in Gebrauch. Auch hier richtet sich die Höhe der Viscosität nach dem vorhandenen Lagerdruck. Verlangt werden immer relativ helle Sorten. Im allgemeinen werden reine Mineralöle genommen, aber häufig verlangen Fabrikanten auch verfettete. Kommt nämlich das Gewebe mit Öl in Berührung, was durch Spritzen vorkommen kann, so sind die dadurch entstandenen Flecke, namentlich wenn das Öl dunkel ist, nicht so leicht mit Seife und Wasser zu entfernen. Das Auswaschen derartiger Flecke wird durch einen Zusatz von nicht trocknendem fetten Öl erleichtert. Es kann pflanzlicher oder tierischer Herkunft und muß gegebenenfalls kältebeständig sein. Verseifbare und restlos auswaschbare Webstuhlöle sind auch die sog. wasserlöslichen (siehe unter Bohröle). Sie geben mit Wasser eine weiße Emulsion, müssen möglichst neutral reagieren und nicht in den Lagern schäumen.

In der Abfallspinnerei wird bei den Nitschelwerken ein Spindelöl ohne Fettzusatz gebraucht, das die Viscosität etwa 2 bei 50° C hat und möglichst ein spez. Gewicht unter 0,900 haben soll.

Für Picker eignet sich reines fettes Öl, das vollständig verseifbar und blank und bei — 5° C noch ohne Abscheidung flüssig ist. Die Viscosität ist 2,6—3 bei 50° C und 9—12 bei 20° C.

Für Strick- und Stickmaschinen werden wasserhelle, kältebeständige Vaselinöle gebraucht, denen öfters noch fettes Öl in Höhe von 5—40% zugesetzt ist, damit etwaige Flecke auf dem Gewebe sich leicht auswaschen lassen. Man nimmt als kältebeständiges fettes Öl am liebsten Knochenöl. Die Viscosität sei etwa 2—3,7 bei 50° C. Mit der Menge des Fettzusatzes erhöht sich der Preis, aber die Schlüpfrigkeit vergrößert sich, ohne daß die Viscosität steigt. Die Farbe wird jedoch gelblicher, da das fette Öl nicht rein weiß geliefert werden kann.

Spez. Gew. b. 15° C	Flpkt. ° C	Visc. bei 20° C	50° C	Freie Säure als Ölsäure berechnet	Stockpunkt ° C	Fettes Öl		Farbe	Herkunft
						Art	Menge		
0,871	172	4,6	1,9	0,02	—25	—	—	wasserhell	russisch
0,877	169	6,8	2,2	0,02	—20	—	—	fast weiß	„
0,881	180	11,1	2,8	0,02	—15	—	—	„ „	„
0,882	184	13,7	3,3	0,02	—14	—	—	„ „	„
0,889	185	13,8	3,1	0,07	—12	Knoch.-Öl	10%	„ „	„
0,890	185	12,8	3,0	0,10	—10	„	20%	„ „	„

Metallwalzen-Öl.

Beim Walzen von Metallbändern durchlaufen diese eine unmittelbar vor der Walze angebrachte Führung, deren Ober- und Unterteil im Innern mit Sackleinen bekleidet ist. Die Metallbänder werden nun von der Walze durch die fest angezogene Führung gezogen, welche mit Öl bestrichen ist. Dieses Öl kann von geringerer Sorte sein, zumal es oft mit Petroleum gestreckt wird, doch wird ein helles Mineralöl verlangt. Teeröle sind nicht zu gebrauchen. Der Flammpunkt soll mindestens 150° C, die Viscosität bei 50° C 2—4 sein.

Drahtzieh-Öl.

Beim Ziehen des Drahtes soll ein Schmiermittel die Reibung zwischen Draht und Ziehring vermindern. Man nimmt gewöhnlich ein Mineralöl von hohem Flammpunkt. Auch wird für Qualitätsware reines fettes Öl (Rüböl) sowie Mischung dieses mit Mineralöl angewandt. Der von einigen bevorzugte Zusatz von Graphit ist nach anderen zu verwerfen, da er den Draht unansehnlich machen soll. Es pressen sich nämlich kleine Graphitteilchen in den Draht ein. Man erreicht den gewünschten guten Glanz, wenn man reine Öle nimmt, denen oft etwas Talkum zugesetzt wird. Auch wasserlösliche Ziehöle sind im Handel (siehe unter Bohröl).

Analysen einiger Drahtziehöle.

Spez. Gew. bei 15° C	Flpkt. ° C	Visc. bei 50° C	Farbe	Fettes Öl %	Herkunft
0,923	201	5,7	dunkelrot	—	pennsylvan. + Texas
0,910	210	4,5	rot	—	pennsylvanisch
0,912	215	4,2	„	29	„

Sehr viel werden auch Drahtziehfette verwendet. Sie bestehen aus Spindelöl mit Wollfett oder Talgseife oder ähnlichen Substanzen unter Zusatz von Talkum. Das Grobziehfett reagiert meist alkalisch, das Feinziehfett schwach sauer.

Automaten-Öl.

Für die Automaten, die zur Massenherstellung von kleinen Metallgegenständen dienen, und für Revolverbanke wird sog. Automatenöl gebraucht. Dieses besteht aus Mineralöl, dem meist 10—20%, selten bis 50% fettes Öl, meist Rüböl oder Knochenöl, zugesetzt ist. Verlangt wird vor allem, daß das Öl während der Arbeit nicht qualmt, also keinen zu niedrigen Flammpunkt hat, und hell (nicht weiß), möglichst auch kältebeständig ist.

Es sind Öle im Handel von der Viscosität 1,5—4,5 bei 50° C.

Analysendaten einiger Automatenöle.

Spez. Gew. bei 15° C	Flpkt. ° C	Visc. bei 15° C	Fettes Öl %	Freie Säure als Ölsäure berechnet	Stockpunkt ° C	Herkunft
0,894	178	2,0	9	1,4	— 1	pennsylvanisch
0,889	179	1,9	11	1,5	— 1	„
0,902	208	3,2	18	2,5	— 2	„
0,906	219	4,4	12	1,8	— 2	„
0,905	194	4,1	10	1,5	—15	russisch

Uhren-Öl.

Uhren und feinmechanische Instrumente müssen mit Öl geschmiert werden, um die Reibung bei der Bewegung möglichst zu vermindern.

Es braucht bei der geringen Tourenzahl derartiger Werke auf die Viscosität des Schmiermittels kaum Gewicht gelegt werden, hauptsächlich kommt es auf gute Adhäsion an. Da eine Zuführung neuen Öles und Entfernen des alten nicht in Betracht kommt, müssen Öle verwandt werden, die möglichst wenig durch Temperaturunterschiede oder Verharzen sich verändern, auch nicht aus den Lagern herauswandern. Ferner dürfen die Öle nicht verdunsten und müssen säurefrei sein. Fette Öle werden leichter sauer und neigen durch Verseifung und Aufnahme der gebildeten Seife dazu, ihre Viscosität zu erhöhen. Mineralöle wandern aus den Lagern, behandelte Teeröle sind ganz unbrauchbar. Sehr widerstandsfähig sind Olivenöl und Klauenöl (siehe S. 108 u. 105). Ersteres reinigt man mit Alkohol durch öfteres Umschütteln und Sichtrennen der beiden Flüssigkeitsschichten. Man erhält ein wasserhelles Öl, das man im Scheidetrichter vom Alkohol trennt. Das Klauenöl muß durch Abpressen der kälteunbeständigen Bestandteile kältebeständig gemacht sein, eine Temperatur von — 20° C aushalten und möglichst säurefrei sein. Meist gebraucht man als Uhrenöle Mischungen von Klauenöl und Vaselinöl in verschiedenem Verhältnis. Durch den Mineralölzusatz wird die Beständigkeit der fetten Öle erhöht, da eine Verseifung langsamer eintreten kann, während ein Zusatz von $1/_3$ Klauenöl das Abwandern verhindert. Reines Klauenöl hat bei 20° C eine Viscosität von 12—13, was für manche Lager etwas zu hoch ist, eine Viscosität von 5—7 bei 20° C würde genügen, wobei etwa 50% Klauenöl in der Mischung sich am besten bewährt hat.

Analysen von Uhrenölen.

Spez. Gew. bis 15° C	Flpkt. ° C	Visc. bis 20° C	Stockpkt. ° C	Knochenöl. %
0,895	172	7,2	—19	50
0,890	176	5,8	—21	30

Marine-Öl.

Als Marineöle bezeichnet man die zum Schmieren schwerer Schiffsmaschinen dienenden Gemische mit „geblasenem oder eingedicktem Öl" (siehe S. 102). Letzteres besteht gewöhnlich zum größten Teil aus Rüböl und Baumwollsaatöl; doch kommen auch andere halbtrocknende Öle zur Verarbeitung, wie Sojaöl und Tran (siehe S. 108 u. 106). Ricinusöl, das durch seine Dickflüssigkeit geeignet erschiene, ist nicht brauchbar, da es sich nur unvollkommen in Mineralöl löst, sich also kaum mit ihm mischt, aus welchem Grunde geblasenes Öl häufig „lösliches Ricinusöl" genannt wird.

Man will durch die Zugabe des geblasenen Öles eine höhere Schlüpfrigkeit erzielen und hat noch den Vorteil, daß es, wenn auch in beschränktem

Maße, mit Wasser emulgiert. Läuft auf einem Schiff ein Lager heiß, kann es daher durch Wasser gekühlt werden, ohne daß die Schmierung vollständig aufhört und die Maschinen abgestellt werden müssen. Man nimmt das Vorhandensein eines höheren Säuregehaltes, wie er in den Marineölen notwendigerweise sich vorfinden muß, in den Kauf.

Zur Herstellung von Marineöl mischt man das Mineralöl warm mit dem geblasenen Öl, und zwar kommen 10—24% von letzterem in die Mischung. Als Mineralöl sind nur gute Raffinate von der Viscosität 4—7 bei 50° zu verwenden. Nach der Viscosität der Mineralöle und der zu erreichenden richtet sich die Dauer des Blasens. Die fertige Mischung soll je nach Größe der Maschinen verschiedene Viscosität haben.

Die Reichsmarine schreibt vor: für Schlachtschiffe und Kreuzer Viscosität bei 50° C 7—8, für Torpedoboote 5—6,5 bei etwa 23% Gehalt an geblasenem Rüböl. Die Handelsdampfer nehmen lieber etwas viscosere Öle. Für Maschinen bis 1000 PS kann man Öle von der Viscosität 7 geben mit einem Gehalt von 10% an geblasenem Öl. Für stärkere Kolbenmaschinen ist eine Viscosität von 50:8—9,5 am Platze bei einem Zusatz von 12—20% geblasenem Öl. Der Flammpunkt nach *Pensky-Martens* soll nicht unter 160° C liegen und der Säuregehalt möglichst niedrig sein.

Analysen einiger Marineöle.

Spez. Gew. bei 15° C	Flpkt. P.-M. °C	Visc. bei 50° C	Freie Säure als Ölsäure berechnet	Mineralöl %	Visc. b. 50° C	gebl. Öl %
0,940	162	6,3	1,3	77	4,1	23
0,946	177	9,0	1,2	84	6,5	16
0,944	168	9,1	1,3	80	6,0	20
0,940	163	7,1	0,9	90	5,2	10

Achsen-Öl.

Achsenöl dient zum Schmieren der Lager von Lastwagen und Eisenbahnen. Auf Farbe, Aussehen und gute Raffination wird nicht gesehen. Man nimmt Destillat oder Vulkanöl, d. h. ein Rohöl, aus dem die Benzin- und Petroleumfraktion entfernt ist. Oft wird auch Ablauföl von der Dampfmaschine genommen, selten reines Maschinenöl. Die Herstellung der Vulkanöle ist, da sie in erster Linie für Eisenbahnachsen bestimmt sind, an die Lieferungsvorschriften der verschiedenen Eisenbahnverwaltungen gebunden. Bei kältebeständigen Ölen werden oft nur die leicht siedenden Anteile aus dem Rohöl abdestilliert, der Rest durch Absitzen und Filtration gereinigt, so daß ein dunkles Vulkanöl zum Versand gebracht wird. Man macht im allgemeinen, da man es mit im Freien laufenden Maschinenteilen zu tun hat, einen Unterschied zwischen Winter- und Sommerölen, die sich hauptsächlich durch die Viscosität und gegebenenfalls Kältebeständigkeit unterscheiden. Im Winter wird ein dünneres Öl genommen, da sich bei Winterkälte die Viscosität erhöht. Für Sommeröl wird eine Viscosität bei 50° C von etwa 6—11, für Winteröl eine solche von $4^1/_2$—7 verlangt. Auch müssen Winteröle kältebeständig und bei — 15° C noch flüssig sein. Der Flammpunkt soll meist nicht unter 130° C (nach *Pensky-Martens* oder 145° C i. o. T.) sein.

Zu den Achsenölen muß man auch die Hunten- und Lowryöle rechnen, die aus den verschiedensten Materialien, wie Mineralöl und Goudron in Teeröl oder Gasöl aufgelöst, Steinkohlenteeröl, Vulkanöl mit Tropföl vermischt und ähnlichem hergestellt werden.

Analysen von Achsenölen aus Erdöl.

Spez. Gew. bei 15° C	Flammpkt. i. o. T. ° C	Viscosität bei 50° C	Stockpkt. ° C	Hart-asphalt %	Herkunft
0,935	150	5— 6	—18	0,16	Mid-Continent
0,946	170	9—10	—10	1,18	,,
0,942	170	12,6	— 1	0,20	Polen
0,945	165	10,0	— 8	0,62	Rumänien

Patentachsen-Öl.

Die Öle, die zum Schmieren der auf Kugellager laufenden Achsen dienen, müssen mitteldickflüssig sein, ein Zusatz von fettem Öl ist gut. Die Farbe braucht nicht hellgelb zu sein, obwohl viele Konsumenten hierauf Wert legen. Daher kommen helle Öle mit Knochenölzusatz in den Handel. Derartige Öle sind zu gut für den Zweck. Etwas dunklere Maschinenöle, die in einem 15-mm-Reagensglas rot durchscheinend sind, tun ganz denselben Dienst und sind billiger. Als fettes Öl kommt nur ein kältebeständiges Knochen- oder Klauenöl (siehe S. 105) in Frage, das oft bis zu einem Gehalt von 30—40% zugesetzt wird. Geblasene Öle und Trane sind nicht zu empfehlen. Die Menge der freien Säure als Ölsäure berechnet sei bei Ölen mit Fettzusatz höchstens 0,7, bei reinen Mineralölen höchstens 0,1%.

Papiermaschinenschmierung.

Die Papiermaschinen beanspruchen eine sorgfältige Schmierung, da hohe Drucke herrschen und erhöhte Temperaturen vorkommen. Man nimmt schwere Maschinenöle von der Viscosität 9 bei 50° C und darüber und auch konsistente Maschinenfette. Für Kalander werden sog. Vaselinbriketts gebraucht. Diese haben mit Naturvaseline nichts zu tun, sondern werden ähnlich den konsistenten Fetten (siehe S. 90) durch Verseifen von fetten Ölen oder Harzölen, meist unter Zusatz von Wollfett mit Natronlauge und Inkorporieren der Seife in Mineralöl hergestellt. Das Fett wird nicht ausgerührt, sondern in Blöcke gegossen, die eine ziemliche Festigkeit behalten, und dann in geeignete Stücke geschnitten. Der Tropfpunkt soll mindestens 80° C betragen, doch ist ein solcher über 100° C oft erwünscht.

Stellwerk-Öl.

Bei den Stellwerken der Eisenbahn wird ein Öl verlangt, das folgende Eigenschaften aufweist:

Spez. Gew. bei 15° C	höchstens 0,950
Flammpunkt i. o. T.	mindestens 160° C
Viscosität bei 20° C	12—20
Viscosität bei 50° C	3— 4
Stockpunkt	—15° C
Asche	höchstens 0,02%
Asphaltgehalt	0
Freie Säure als Ölsäure berechnet	höchstens 0,14%

Es eignen sich hierzu am besten Texasöle, wenn sie einen niedrigen Asche- und Säuregehalt haben, auch russische Öle und Mischungen entsprechen den Anforderungen.

Analysen von Stellwerkölen.

Spez. Gew. bei 15° C	Flpkt. i. o. T. ° C	Visc. bei		Freie Säure als Ölsäure berechnet	Asche %	Stockpunkt °C	Herkunft
		20° C	50° C				
0,922	170	15,1	3,1	0,04	0,003	—15	Texas
0,904	190	13,5	3,1	0,02	0,002	—15	russisch
0,913	162	14,5	3,1	0,07	0,015	—15	Texas+russisch

Kugellagerschmierung.

Ein Kugellager läuft mit sehr geringer Reibung, hat wenig Wartung nötig und ist in der Schmierung sehr sparsam, braucht z. B. bedeutend weniger Schmiermittel als ein Ringschmierlager, geschweige denn ein Gleitlager, verlangt aber erstklassiges Schmiermaterial. Ob das Kugellager als Querlager (Ringlager) oder Längslager (Scheibenlager) gearbeitet und aufgestellt ist, bleibt für die Schmierung gleichgültig.

Es kommt hauptsächlich darauf an, daß das Schmiermittel neutral ist, also keine freie Säure enthält. Es können demnach gute, nicht zu dickflüssige Raffinate Verwendung finden, namentlich für rasch laufende und hoch beanspruchte Wellen. Konsistente Fette (siehe S. 90) sind im allgemeinen nicht zu empfehlen, da sie oft zu viel freies Alkali und zu viel feste Substanzen wie Kalk, Zinkweiß, Natron enthalten. Entscheidet man sich bei langsam laufenden Wellen für die Verwendung von konsistentem Fett, so sehe man vor allem darauf, daß das Fett auch nicht sauer reagiert, sondern neutral, oder höchstens 0,1% freies Alkali (als KOH berechnet) enthält; ferner freien Kalk, höchstens 0,1%, und keine anderen festen Substanzen als Zinkweiß.

Ein besonders gutes Schmiermittel ist Vaseline, die vollständig neutral ist, nicht ranzig wird und nicht verharzen kann. Auf die Farbe, ob gelb oder weiß, kommt es im Grunde genommen nicht an; doch soll sie einen Tropfpunkt nach *Ubbelohde* von mindestens 37° C haben, bei gewöhnlicher Temperatur verhältnismäßig zähe sein und beim Herausnehmen sich ziehen. Auch gibt es Kugellagervaseline, der etwas Oildag (siehe S. 100) zugesetzt ist.

Der Aschegehalt sei höchstens 0,01%, freie Säure als Ölsäure berechnet höchstens 0,05%, Harz, Harzöl, Wollfett müssen fehlen. Um einwandfreie Schmierung zu behalten, muß das Gehäuse vollkommen öldicht und die Welle gegen das Gehäuse gut abgedichtet sein, auch dann, wenn mit Fett oder Vaseline geschmiert wird. Letztere können bei stärkerer Erwärmung flüssig werden. Auch muß deshalb Dichtigkeit verlangt werden, damit kein Schmutz und Staub eindringen kann, welche das Schmiermittel verdicken und verharzen, ein Zustand, der abnutzend wirkt. Es kann dann in kurzer Zeit das Kugellager soviel Spiel bekommen, daß eine Auswechslung nötig wird. Häufiges Nachfüllen des Schmiermittels vermeidet man, wenn man den zur Aufnahme desselben bestimmten Raum möglichst groß nimmt. Öfteres Reinigen des Kugellagers durch Einfüllen von Petroleum und Benzin und langsames Umdrehen der Welle ist zu empfehlen. Nach der Reinigung ist sofort neues Schmiermittel einzufüllen.

Gassauger-Öl.

In den Gasanstalten und Kokereien kann als Gassaugeröl nur ein Öl genommen werden, in dem sich teerige Substanzen nicht ausscheiden, das diese also auflöst. Geeignet ist Rüböl, das aber seines hohen Preises wegen durch billigere Öle ersetzt werden muß. Man nimmt meist Teerfettöle oder Texasöle, diese z. T. mit Teerfettölen gemischt. Die Mineralöle brauchen nicht raffiniert zu sein, Destillate genügen. Die guten pennsylvanischen oder russischen Maschinenölraffinate sind nicht brauchbar.

Die Viscosität bei 50° C sei etwa 3, der Flammpunkt i. o. T. mindestens 150° C.

Voltol-Öl.

Eine gewisse Ähnlichkeit mit Marineölen haben einige Voltolöle. Schon im Kriege sind, veranlaßt durch die Knappheit an hochwertigen Mineralölen und Ricinusöl und durch den vermehrten Verbrauch bei U-Booten und Flugzeugen, bedeutende Erfolge in der Ausnutzung und Veredelung der Öle zu verzeichnen gewesen. Mit Hilfe der elektrischen Glimmentladung ist es gelungen, aus dünnflüssigen, also billigen Sorten sehr schmierfähige Öle mit hoher Viscosität herzustellen. Sowohl fette als auch Mineralöle und deren Mischungen kann man auf diese Weise veredeln. Die so erhaltenen Öle haben eine flache Viscositätskurve, d. h. sie bleiben bei hohen Temperaturen ziemlich viscos, sind aber in der Kälte noch verhältnismäßig dünnflüssig. Diese Eigenschaft wird oft überschätzt, da viele erstklassige Öle gewöhnlicher Herstellung eine ähnliche Kurve und russische Öle, die mit hellem flüssigen Zylinderöl gemischt sind, eine fast gleiche Kurve geben. Ohne Fettölzusatz hergestellte Voltolöle sind also nicht vorteilhafter als andere erstklassige Maschinenöle gleicher Viscosität und Kältebeständigkeit. Der Kältepunkt eines Voltolöles ist ungefähr der gleiche wie der des unbehandelten Öles. Voltolöle werden nach Patenten in geschlossenen Behältern durch Glimmentladung bei einer 80° C nicht übersteigenden Temperatur mittels Einphasenwechselstroms von 4300—4600 Volt Spannung hergestellt. Die Glimmentladungen treten erst bei einem Unterdruck von etwa 0,9 Atm. auf. Damit das Öl nicht oxydiert, findet die Behandlung in einer Wasserstoffatmosphäre statt, wodurch gleichzeitig eine Anlagerung des Wasserstoffes an das Öl, namentlich an die ungesättigten Anteile, erfolgt und eine Umlagerung der Ölmoleküle begünstigt wird.

Für viele Zwecke ist das Voltolöl brauchbar, z. B. bei der Automotorenschmierung, da es einen hohen Entzündungspunkt (etwa 560° C) hat und nahezu aschefrei ist.

Wasserlösliche Bohröle.

Der Zweck des Bohröles ist, den Bohrer und das gebohrte Material während der Arbeit zu kühlen und hinterher die Rostgefahr zu beseitigen. Das Öl wird nie allein verwandt, sondern in Wasser gelöst emulgiert. So wirkt das Wasser kühlend, das Öl schmierend und rostschützend, denn nach dem Verdunsten des Wassers bleibt ein feiner Fetthauch auf dem gebohrten Material zurück. Man kann Mineralöle aber nur zur Emulsion bringen, wenn man in ihnen irgendwelche Seifen auflöst. Bohröle sind daher, physikalisch-chemisch betrachtet, eine Auflösung von fettsauren oder harzsauren Alkalien, also Seifen in Mineralöl. Beim Vermischen mit Wasser scheidet sich das Öl in Form ganz kleiner Tröpfchen aus, die so fein sind, daß man sie unter dem Ultramikroskop in *Brown*scher Molekularbewegung sehen und sogar auszählen kann. Es findet also beim Eingießen des Bohröles in Wasser keine Lösung, sondern ein Emulsionieren statt, d. h. ein Teil des Öles löst sich auf, ein anderer bleibt fein verteilt schwebend im Wasser zurück. Der Gehalt an Fett schwankt bei den Bohrölen zwischen 5 und 20%. Es werden Olein, Ricinusölsulfosäure, Tranfettsäure u. dgl. verwendet. Die Emulsion in Wasser wird nun zum Bohren, Fräsen und Gewindeschneiden bei Schmiedeeisen, Flußstahl und Gußstahl benutzt. Bei Gußeisen nimmt man gewöhnlich kein Bohröl. Je nach dem Verwendungszweck und der Art des Bohrens ist die Lösung 2- bis 12 proz. zu nehmen, und zwar gebraucht Schmiedeeisen eine 2—5 proz., Flußstahl eine 5—6 proz., Gußstahl eine 6—10 proz., ganz harter Stahl eine 9—12 proz. Emulsion von Bohröl in Wasser. Zum Fräsen und Gewindeschneiden ist ebenfalls eine 9 proz. Lösung zu nehmen.

Außerdem soll, wie oben erwähnt, das Eisen vor Rost geschützt werden. Eisen rostet schnell, wenn es mit sauren Flüssigkeiten in Berührung kommt, mit alkalischen sehr langsam. Folglich muß ein Öl, das zum Bohren usw. von Eisen dienen soll, in Wasser emulgiert, etwas alkalisch, nicht sauer sein. Am besten ist es, wenn das Öl an und für sich ganz schwach sauer reagiert, in Wasser aber infolge hydrolytischer Spaltung alkalische Reaktion zeigt. Sollen Messing, Bronze und andere Kupferlegierungen behandelt werden, so muß das Öl möglichst neutral sein, weil freies Alkali wie auch Säure auf das Kupfer einwirkt.

Das Öl ist in den emulgierten Ölen in Form mikroskopisch kleiner Tröpfchen vorhanden, die beim Bohren schmierend wirken. Je viscoser nun das Öl ist, in diesem Falle das die Emulsion bewirkende Mineralöl, desto höher ist die Schmierfähigkeit. Allzu hoch kann man aber, da sonst keine Emulsion mehr stattfindet, die Viscosität der Mineralöle auch nicht nehmen; die obere Grenze ist etwa 5 bei 50 ° C. Meist verarbeitet man aber Bohröle, die ein Spindelöl als Basis haben, da der höhere Preis nicht bezahlt wird.

Seit längerer Zeit wird ein amerikanisches Bohröl in den Handel gebracht, das nur aus Mineralöl besteht. Es ist hergestellt aus Naphthensäure des Erdöles und ist ziemlich dunkelfarbig. Die Lösung ist ausgezeichnet, und man kommt beim Bohren usw. mit weniger aus, als vorher für die Normalöle angegeben.

Man kann die Bohröle in zwei Klassen einteilen. Die einen enthalten Spiritus, wenn auch oft nur in geringer Menge, um das Öl blank zu machen, da Spiritus ein Lösungsmittel für Seife ist; die anderen sind ohne Spiritus hergestellt. Die ersteren enthalten meist auch Harz, das sich ebenfalls im Spiritus auflöst, aber bei Zusatz von Wasser in Form kleiner Tröpfchen ausfällt und die Emulsion bildet. Oft wird, da Ammoniakseife sich leichter als Natronseife im Mineralöl auflöst, Ammoniak verwendet. Dies ist aber ein Nachteil, da Ammoniak verdunstet und dann die Emulsionsfähigkeit schwächer wird oder ganz aufhört.

Die Bohröle ohne Harz sind vorzuziehen. Ebenfalls ist es besser, wenn Spiritus fehlt, der bei längerer Lagerung ebenso wie Ammoniak verdunstet, wodurch das Öl nicht mehr oder schlecht emulgierbar wird. Man kann oft ein so verdorbenes Öl durch geringen Zusatz von Spiritus oder Ammoniak wieder gebrauchsfähig machen, doch ist anzuraten, erst einen Versuch im kleinen zu machen, da sonst vielleicht das ganze Öl unbrauchbar werden kann. Ein gutes Bohröl muß eine weiße Emulsion geben, die sich in nicht zu kaltem Wasser gut hält, ohne oben eine Rahmschicht abzusetzen. Nach 2 Stunden sollen sich noch keine Öltröpfchen absetzen, nach 24 Stunden darf sich höchstens eine schwache Rahmschicht bilden.

Das Bohröl darf auch die Haut nicht angreifen. Bohrölekzeme treten bei Verwendung von Bohröl auf, zu dessen Herstellung Teerfettöl verwendet wurde; bei Verwendung von Raffinaten, namentlich paraffinfreien, findet man die Erscheinung nicht. Es gibt allerdings Personen, die eine Idiosynkrasie gegen alle Öle haben, hier macht das beste Öl keine Ausnahme.

In der Kriegszeit wurden Bohröle vertrieben, die auf diesen Namen kein Recht hatten, da sie kein Öl enthielten, wie die alkalisch gemachte Sulfitlauge, die wenig Schmierfähigkeit und Benetzbarkeit zeigte und den rostschützenden Überzug nach dem Verdunsten nicht geben konnte. Auch Pflanzenschleimauszüge und Leimlösungen waren teils rein, teils in Mischungen miteinander und mit Mineral- und Teerfettöl zu finden. Derartige gelbe bis braune Emulsionen sind wenig haltbar. Auch mit Hilfe von Naphthensäure hat man Bohröle hergestellt, doch reichen alle nicht an das mit guten Raffinaten hergestellte weiß emulgierende, spiritusfreie Bohröl heran oder an das nur aus Erdölprodukten hergestellte amerikanische.

Schmiermittel, hergestellt unter Verwendung von Mineralölen.

Konsistente Maschinenfette.

Neben den Mineralölen haben sich zum Schmieren von langsam laufenden Maschinen mit geringer spezifischer Pressung, wie Transmissionen, Kurbelzapfen, Zahnräder, konsistente Fette bewährt. Sie haben größere innere Reibung als Öl, sind aber sparsamer im Gebrauch. Diese Fette sind als Emulsion von fettsauren Salzen im Mineralöl aufzufassen, bei welcher dem geringen Wassergehalt für die Emulsionsbildung wesentliche Bedeutung zukommt. Zur Herstellung der konsistenten Fette verseift man gewöhnlich fette Öle mit frisch gelöschtem Kalk oder Kalkhydrat, oft unter Zusatz von Natron. Als brauchbare Öle kommen Rüböl, Baumwollsaatöl, Knochenöl, Maisöl, Sojaöl, Talg, gehärtete Öle usw. in Frage, für geringere Sorten auch Tran und namentlich Tranfettsäure, auch Montanwachs (siehe S. 109). Das fertige Fett enthält 10 bis 25% Kalkseife und soll höchstens bis 6% Wasser aufgenommen haben. Als Mineralöl wird ein raffiniertes Spindelöl verwendet, oft auch bei schweren Fetten ein nicht zu viscoses Maschinenöl.

Bei der Herstellung der Fette wird zuerst das fette Öl in einem Kochkessel mit Rührwerk mit gelöschtem Kalk oder Natron unter Zusatz von etwas Mineralöl verseift und soweit eingekocht, bis der auf diese Weise hergestellte Ansatz Fäden zieht, wenn man etwas herausnimmt. Darauf wird die entstandene Seife mit Mineralöl aufgenommen und verrührt. Es folgt dann das Auskühlen, Ausrühren, Färben und zuletzt Egalisieren oder Walzen, wodurch das fertige Fett weicher, geschmeidiger und glänzend wird.

Eigentümlicherweise legen die Konsumenten einen hohen Wert auf hellgelbe Farbe. Aus diesem Grunde werden die sonst etwas grau aussehenden Fette durch geringen Zusatz von Zinkweiß aufgehellt und mit einer gelben, öllöslichen Anilinfarbe gefärbt; vereinzelt findet man statt der Farbe gelbes Palmöl zugesetzt. Man kann dieses Färben der Fette nur als eine Modetorheit bezeichnen, denn die 1—2% Zinkweiß, die eingerührt werden, wirken nicht schmierend. Die gelbe Farbe verteuert nur das fertige Produkt und setzt den Tropfpunkt herab, da sie mit Öl ausgerührt ist. Der Aschengehalt wird unnötigerweise erhöht. Es sollte daher von seiten der Konsumenten nicht ein zu hoher Wert auf die ganz helle Farbe gelegt werden.

Als hauptsächlichste Analysenzahl wird der Tropfpunkt gewählt. Er ist die Temperatur, bei der in dem Apparat von *Ubbelohde* die mittels einer Glashülse genau festgelegte, an einer Thermometerkugel aufgetragene Menge Fett durch ihr eigenes Gewicht abtropft. Diese Temperatur ist genau zu bestimmen und sehr scharf gekennzeichnet, was man von dem manchmal verlangten Fließ- und Schmelzpunkt, die beide niedriger als der Tropfpunkt liegen, nicht sagen kann. Es gibt gewissenlose Fetthändler, die den Tropfpunkt angeben, ihn aber Schmelzpunkt nennen und so den Kunden täuschen. Der Tropfpunkt der meisten konsistenten Fette liegt zwischen 75 und 85° C. Für schwere Maschinen und Kurbellager werden Fette mit einem Tropfpunkt von etwa 100° C verlangt, z. B. für Rollager der Gatter an Sägemaschinen, Kalander, auch dort, wo strahlende Hitze das Fett andauernd einer hohen Temperatur aussetzt, z. B. in Hüttenwerken. Außerdem sind noch sog. Heißlagerfette, wie Calypsolfett, im Handel, die einen Tropfpunkt von 150—180° C besitzen. Diese kommen nur für sehr heiße Lager in Frage.

Für Kugellager nimmt man, soweit man nicht für kleinere Lager Vaseline verwendet, weiches, gut egalisiertes, möglichst neutrales, gegebenenfalls schwach alkalisches, aber auf keinen Fall saures Fett. Die ungefärbten Sorten, die keinen Zusatz von Zinkweiß haben, sind hier besonders zu bevorzugen.

Von einem guten Fett wird verlangt, daß es nicht beschwert ist, d. h. daß nicht außer den zur Verseifung und gegebenenfalls zur Färbung nötigen Mengen anorganischer Substanzen noch solche vorhanden sind, die nur dazu dienen, das spez. Gewicht zu erhöhen. Für letzteren Zweck wird oft Schwerspat genommen, der im Laboratorium leicht nachzuweisen ist. Ferner ist es für die Beurteilung eines Fettes von Wert, zu wissen, wieviel Seife vorhanden ist, denn mit Fetten, die einen höheren Seifengehalt haben, läßt sich sparsamer schmieren. Ein gutes Fett darf sich nicht entmischen, also beim Stehen selbst an warmen Orten und nach längerer Zeit kein Öl abscheiden.

Die konsistenten Fette haben je nach ihrem Verwendungszweck verschiedene Namen, werden auch, den von ihnen verlangten Eigenschaften entsprechend, gekocht und in verschiedener Festigkeit geliefert. Da gibt es Autofett, Exzenterschmiere, Patentachsenfett, Frostfett, das rot gefärbt wird. Sehr dünne Fette mit wenig Seifengehalt werden als Förderwagen- oder Spritzfett bezeichnet. Durch Zusatz von Graphit erhalten die Maschinenfette höheren Schmierwert, da der Graphit, wie bei den Graphitölen, in die Unebenheiten eingedrückt wird.

Auch Zahnräder müssen, um sie vor Abnutzung zu schützen und einen ruhigen Gang zu ermöglichen, geschmiert werden. Man verwendet eine Zahnradschmiere, die aus konsistentem Fett besteht. In vielen

Sorten befindet sich Graphit in einer Menge von 3—12%, da sich auch hier der Zusatz als geeignet erwiesen hat.

Oft gibt es im Handel auch Schmieren, die nicht durch Kochen von Fett und Alkalien verseift sind, sondern nur aus verschiedenen Dingen zusammengeschmolzen sind, wie Wollfett, Paraffin und seinen Rückständen, Talg u. dgl. Derartige Fabrikate reichen qualitativ nicht an die verseiften konsistenten Maschinenfette heran.

Wagenfette.

Wagenfette werden zum Schmieren der Achsen gebraucht und ähneln den konsistenten Fetten in der Herstellung und Zusammensetzung. Man verarbeitet in ihnen meist Harzöl, gelöschten Kalk oder Marmorkalkhydrat und Mineralöl, oft unter Zusatz von Soda, und zwar auf warmem oder kaltem Wege. Die im Handel befindlichen dunklen Bindeöle für die Wagenfettfabrikation sind meist Gemische von Harz und dunklem Paraffinöl, dem außerdem noch dickes, gelbes Harzöl zugegeben ist. Oft werden die Fette beschwert, gefüllt, und zwar mit Schwerspat, Kreide oder ungebranntem Gips, welche Substanzen alle äußerst fein gemahlen sein müssen. Im Handel teilt man die fertigen Fette ein in Schwimmfette, d. h. solche Fette, die auf dem Wasser schwimmen, also ein spez. Gewicht unter 1 haben, und nicht schwimmende Fette. Erstere werden, da sie meist keine Beschwerung aufweisen, vorgezogen. Die Farbe der Fette ist gelblich, blau und schwarz. Auch Fette, die aus Montanwachs (siehe S. 109), Natronlauge, Talkum, Kreide und Spindelöl hergestellt sind, kommen im Handel vor.

An ein gutes Wagenfett sind folgende Anforderungen zu stellen:

1. Es muß eine butterartige Konsistenz haben.
2. Es darf beim Stehen kein Öl abscheiden.
3. Es darf keine Knötchen enthalten, sondern muß völlig glatt sein.
4. Es soll keine langen Fäden nachziehen.
5. Es soll einen Tropfpunkt zwischen 60 und 80°C haben.
6. Der Aschegehalt sei höchstens 5% bei unbeschwerten Fetten.
7. Der Wassergehalt steige nicht über 6%.

Drahtseilschmiere.

Als Drahtseilschmiere werden des zu hohen Preises wegen keine konsistenten Fette genommen, vielmehr Mischungen aus Mineralöl, Rohwollfett, Harz, Talkum, Graphit, Harzöl u. dgl. Auch findet man zuweilen solche mit einer Transeife, hergestellt aus Tran oder Tranfettsäure mit Natronlauge, in Mischung mit Wollfett, Harz und Mineralöl. Zuweilen dient auch Wagenfett als Drahtseilschmiere.

Ölrückstände.

Bei der Verwendung von Schmieröl in Dampfmaschinen, Motoren und Luftkompressoren, an Zylindern, Schiebern und Ventilen können sich Rückstände ablagern, die unzweifelhaft aus dem Schmieröl stammen. Die Rückstände können ein ganz verschiedenes Aussehen haben, sie sind dickflüssig, gummiartig oder fest mit allen Übergängen. Die chemische Untersuchung zeigt, daß selbst aus festen Rückständen mit Benzol und Chloroform noch flüssiges Mineralöl herauszuziehen ist. Untersucht man letzteres, so findet man, daß das Öl sich gegen das ursprüngliche verändert hat, daß es jetzt teilweise aus oxydiertem Öl besteht und saurer als das Ausgangsöl ist. Ferner haben sich Asphalt und asphaltähnliche Körper gebildet, die in Petroläther unlöslich sind und aus oxydiertem und polymerisiertem Öl bestehen. Die Bildung wird durch die Art des Lager- und Zylindermetalls beeinflußt, da dieses die Oxydation als Katalysator beschleunigt. Der chloroform- und benzolunlösliche Anteil setzt sich zusammen aus sog. Ölkohle, die z. T. nicht reine Kohle, sondern ein sehr kohlereicher Kohlenwasserstoff ist, weiter aus anorganischen Substanzen wie Metallverbindungen, Silicaten, Kieselsäure u. dgl.

Erfahrungsgemäß wird stets, wenn irgendwo Rückstände sich vorfinden, die Schuld ohne weiteres dem Öl zugeschrieben, weil diese Annahme für den Maschinisten am bequemsten ist und ihn von der Verantwortung frei macht. Aber man tut dem Öl oft unrecht, der Fehler liegt manchmal an anderer Stelle, Voraussetzung ist allerdings, daß man für die Maschine ein den analytischen Testen entsprechendes Öl verwendet hat. Die Rückstandsbildung wird in erster Linie durch mechanische Verunreinigung verursacht. Die großen Mengen chloroformunlöslicher Anteile in Rückständen, namentlich auch die anorganischen, weisen auf die Tatsache hin, daß mindestens staubförmige Verunreinigungen die Rückstandsbildung eingeleitet haben. Auffällig ist die meist gefundene Menge freier und gebundener Kieselsäure, obwohl im Öl selbst keine oder nur ganz geringe Spuren dieser Verbindung vorhanden sind.

Selbstverständlich ist nicht jedes Öl für jede Art Schmierung geeignet, man kann nicht verlangen, daß ein Öl für alle Zwecke paßt. Hier sündigen Käufer und Verkäufer oft gleichviel, letzterer, um irgendein Öl zu verkaufen oder aus Unkenntnis über die chemischen Spezialeigenschaften eines Öles, ersterer, um billig zu kaufen. Im Autozylinder können sich z. B. Rückstände bilden, wenn zuviel Schmieröl zugeführt oder schlechter Brennstoff verbrannt wird.

Aus dem Gesagten ergibt sich, daß der Chemiker, welcher Rückstände untersucht, um ihre Entstehungsursache angeben zu können, am besten sich die Maschine selbst ansieht. Wenn dies nicht möglich ist, muß er außer den Rückständen noch ungebrauchtes Öl zugestellt erhalten, um dieses ebenfalls einer Untersuchung unterziehen zu können. Sehr nützlich ist es manchmal für den Untersuchenden, auch von dem im Gebrauch gewesenen Öl ein Muster zu erhalten. Falls es sich um Rückstände in Verbrennungsmotoren handelt, so ist der benutzte Brennstoff, falls es sich um solche aus Dampfzylindern handelt, das vielleicht benutzte Kesselsteinlösemittel sowie etwas Kesselstein von der letzten Reinigung mit einzusenden. Sind alle diese Substanzen analysiert, so kann man meist angeben, wo der Fehler liegen muß. Hat man diesen erkannt, so ist es in vielen Fällen leicht, den Schaden zu beseitigen. Mechanische Verunreinigungen bedingen veränderte Reibungserscheinungen, die starke Erwärmung der Maschinenteile und des Öles zur Folge haben. So findet dann der Sauerstoff der Luft günstige Bedingungen vor, das Öl zu oxydieren, es wird verdickt und verharzt, alles eine Folge der ersten Überhitzung, veranlaßt durch die mechanischen Verunreinigungen.

Zusatz von Fetten, also pflanzlichen und tierischen Ölen, zum Schmieröl kann ebenfalls eine Rückstandsbildung hervorrufen. Fette spalten sich bekanntlich in Glycerin und Fettsäure, sowohl durch starke andauernde Erwärmung als auch mit Wasserdampf, besonders schnell, wenn derselbe überhitzt ist. Fettsäure greift dann die Metalle an, bildet Metallseifen, die sich erst in den toten Räumen ablagern, wobei sie weiter erhitzt werden und immer schädlichere Wirkungen ausüben, bis sie als mechanische Verunreinigungen in dem oben beschriebenen Sinne ihre zerstörenden Wirkungen ausüben.

Um die Bildung von Rückständen verständlich zu machen, sollen einige Beispiele aus der Praxis angeführt werden.

1. In einer Dampfmaschine, die mit überhitztem Dampf arbeitete, fand man ziemlich feste Rückstände. Das verwendete Öl zeigte normale Eigenschaften, keinen zu hohen Asphalt- und Aschegehalt und entsprach voll den Bedingungen, welche die Maschine erforderte. Die Analyse des Rückstandes wies neben Öl, Asphalt und sog. Ölkohle sehr viel Eisenoxyd auf. Es zeigte sich, daß dieses Eisenoxyd aus dem Überhitzer stammte, von wo es abgesprungen war und so in kleinen Partien in den Dampfzylinder gelangte, wo es den Grund für die erhöhte Reibung gab, die das Öl weiter zersetzte.

2. Bei einer Heißdampfmaschine wurden im Zylinder feste Rück-

stände gefunden. Auch hier war das Öl im ganzen normal, wies allerdings einen hohen Asphaltgehalt auf. Dieser wurde zuerst für das Verhalten des Öles verantwortlich gemacht, da hoher Asphaltgehalt als Kennzeichen eines schlechten Öles gilt, das leicht Rückstände bilden kann. Eine Besichtigung der Maschine zeigte aber, daß die Stopfbüchse nicht gut gedichtet war, daß Dampf ausströmen, also auch Luft eindringen konnte. Eine Analyse des Rückstandes brachte die wahre Ursache zutage. Die Dichtung, die aus Asbest mit Graphit bestand, war sehr angegriffen, und es fanden sich daher in den Rückständen viele Asbestfasern und Graphitschüppchen, die man mikroskopisch identifizieren konnte. Sie haben durch ihre Reibung eine erhöhte Temperatur hervorgerufen, und die eindringende Luft hatte zur weiteren Oxydation beigetragen, namentlich das letztere mußte der Fall sein, weil sich abgeschabte Eisenteile sehr wenig vorfanden.

3. Eine Sattdampfmaschine hatte Rückstände im Zylinder. Die Analyse dieser zeigte eine Menge alkalisch reagierender anorganischer Substanzen von einer Beschaffenheit, wie sie in der Asche des verwendeten Öles nicht vorkamen. In diesem Falle war dem Kesselsteinlösemittel, das im Kessel ein Schäumen hervorrief und von dem Dampf zur Maschine mitgerissen wurde, die Schuld zuzuschreiben, indem es die Rückstandsbildung einleitete und weiter unterstützte.

4. Ungeeignete Öle können naturlich auch Anlaß zur Rückstandsbildung geben. Eine Heißdampfmaschine mit 330° C Überhitzung, die auf Kondensation arbeitete, war mit einem deutschen Dampfzylinderöl geschmiert worden. Deutsche Dampfzylinderöle sind leider, wie bereits gesagt ist, was die Güte anbetrifft, mit pennsylvanischen nicht zu vergleichen, da sie leichter oxydationsfähig sind als diese. Der Flammpunkt des verwendeten Öles lag für die Überhitzung zu niedrig, und der Asphaltgehalt vermehrte sich infolge der Erhitzung bedeutend. In diesem Falle war die Schuld in der Verwendung ungeeigneten Öles zu suchen.

5. Bei einem Automobil hatten sich Rückstände gezeigt. Das Öl wurde verantwortlich gemacht, obwohl es normale Analysendaten aufwies. Es zeigte sich, daß der Zylinderkolben nicht mehr gut in den Zylinder paßte, ja, daß er an einer Seite etwa 1 mm Luft hatte. Die Explosionsgase schlugen zum Teil in den Maschinenkasten. Der gebildete Rückstand, eine schwarze Paste, zeigte neben Mineralöl viel Eisen, Eisenoxyd und Schwermetalle, außerdem Ruß, von der Verbrennung des Brennstoffes herrührend, etwas Brennstoff und Wasser. Am interessantesten aber war das Vorhandensein von Sand und Kieselsäure, und diese bildeten den eigentlichen Grund der Rückstandsbildung. Der Motor war nicht ordentlich gereinigt, und vom Straßenstaub

herrührender Sand und Kieselsäure hatten das Abschleifen der Kolbenringe bewirkt, Erhitzung verursacht, wobei das Öl oxydierte.

6. In einer Großgasmaschine, die mit Koksofengas getrieben wurde, hatten sich pechartige, noch weiche Rückstände gebildet. Auch hier war an dem verwandten Öl nichts auszusetzen. Die Analyse der Rückstände zeigte das Vorhandensein von teerartigen Stoffen. Mineralöl ist teerfrei, während Koksgas oft teerige Substanzen in Nebelform mit sich führt, da Nebel bekanntlich sehr schwer zu absorbieren sind. Es ist daher anzunehmen, daß infolge der leichten Oxydierbarkeit teeriger Substanzen die Rückstände aus dem Gase stammen, welches einer besseren Reinigung unterzogen werden muß.

7. Bei einem Luftkompressor hatten sich in den Ventilen Rückstände angesetzt, die das ordnungsgemäße Arbeiten derselben störten. Es zeigte sich, daß ein billiges Texasöl verwendet war, das zwar eine hohe Viscosität und einen Flammpunkt über 200° C aufwies, das aber als leicht oxydierbares Öl für diese Zwecke nicht geeignet war. Hier war also die Schmierung mit ungeeignetem Öl die Ursache der Rückstandsbildung.

8. Es gibt raffinierte Maschinenöle, die für alle Arten Verbrennungsmotoren, Luftkompressoren und sonstige Maschinen, bei denen das Öl starker Erwärmung ausgesetzt ist, nicht besonders geeignet sind. Der Grund liegt in ihrer chemischen Zusammensetzung, da sie ungesättigte Kohlenwasserstoffe und Olefine aufweisen. Außerdem enthalten diese Öle oft beträchtliche Mengen unverbrennlicher Substanzen, Asche, die bis zu einer Höhe von 0,4% festgestellt wurde, während man 0,01% als höchstzulässige Grenze betrachtet. Man muß sich vor Augen halten, daß im Verbrennungsmotor mindestens ein Teil des Öles bei jeder Explosion mit verbrennt, sich also die Asche anreichern muß, und daß dieser Asche ein gewisses Schleifvermögen zukommt. Kolben- und Zylinderwandung werden stets etwas abgeschliffen und die Metallflitter im Öl abgelagert. Derartige Rückstände, die gewöhnlich keine kokartige, sondern weiche Masse darstellen, kann man oft finden. Ist man gezwungen, mit aschehaltigen und leichter oxydierenden Ölen zu schmieren, so ist eine öftere Reinigung der Maschine erforderlich.

Aus den angeführten Beispielen ist zu ersehen, daß nicht jedes Öl für jede Schmierung paßt, sondern daß es auch auf die inneren Eigenschaften der Öle ankommt. Man muß daher eine Ölsorte verwenden, die sich für den bestimmten Zweck bewährt hat. Diese Grundwahrheit ist vielen Ölhändlern, die nur nach spez. Gewicht, Viscosität und Flammpunkt verkaufen, zum Schaden der Konsumenten nicht bekannt. Ein gutes Kennzeichen zur Feststellung der Beständigkeit gegen Sauerstoff bei Verbrennungsmotor- und Luftkompressorölen ist die Bestimmung der sog. Teerzahl.

Bei Heißdampfzylinderölen kommt es auf den Hartasphaltgehalt an, der mit Normalbenzin zu bestimmen ist und zweckmäßig nicht über 0,1% hinausgeht. Zusatz fetter Öle über 5% ist zu vermeiden.

Außerdem zeigen die Beispiele, daß auch die Verwendung einwandfreier, für den bestimmten Zweck passender Öle allein nicht genügt, sondern daß die Maschine gut gewartet und gereinigt werden muß und ihr schädliche, namentlich anorganische Substanzen fernzuhalten sind, die eine Temperaturerhöhung infolge vermehrter Reibung bewirken können.

Die Wiederverwendung gebrauchter Öle.

Da Öl ein Verbrauchsgegenstand ist, verschwindet der allergrößte Teil des verwendeten Schmieröles im Betriebe. Deutschland ist arm an Erdölen und muß fast seinen ganzen Bedarf im Auslande decken. Es sind daher Versuche gemacht worden, das gebrauchte Öl wieder zu reinigen, denn in dem Zustande, wie es aus der Maschine kommt, ist es nicht wieder zu benutzen. Man hat zur Wiederinstandsetzung oft teure Apparate hergestellt.

Um die Frage der Wiederverwendbarkeit der Öle beantworten zu können, muß man erst einmal sehen, wie sich das Öl durch den Gebrauch physikalisch und chemisch verändert hat. Man wird finden, daß sich im Vergleich zum Originalöl das spez. Gewicht erhöht hat, ebenfalls etwas die Viscosität, da das Öl bei der Verwendung einige seiner leichter flüchtigen Teile durch Verdunstung verloren hat. Auch chemische Veränderungen sind eingetreten, da Polymerisation und Oxydation stattgefunden haben. Solches zeigt auch die dunklere Farbe, die, abgesehen von mechanischen Verunreinigungen, oft durch Asphalt verursacht wird. Eisenseife, die auch meistens gefunden wird, zeigt, daß das Öl saurer geworden ist. Fette Öle, die mit Mineralöl in Mischung vorhanden waren, haben sich zum Teil zersetzt, so daß das Öl einen bedeutend höheren Säuregehalt aufweist.

Aus all diesen Andeutungen geht hervor, daß das Öl ohne weiteres nicht für eine ordnungsgemäße Schmierung wieder gebraucht werden kann.

Die primitivste Art der Reinigung ist das Filtrieren der Öle durch verschiedene Massen, wie Sägespäne, Sand, Ton, Wolle o. dgl., nachdem man vorher das immer vorhandene Wasser und den groben Schmutz sich hat absetzen lassen. Dies geschieht schneller, wenn man das Öl erwärmt. Oft trennt sich das Wasser schwer vom Öl, eine Emulsion bleibt bestehen. Um diese Mischung von Wasser und Öl zu zerstören, erwärmt oder behandelt man sie mit Kochsalzlösung. Letztere hat das Bestreben, sich selbst zu verdünnen, und nimmt das Wasser aus der Emulsion. Ein so gereinigtes Öl sieht dunkler aus als das Originalöl, ist aber blank und ungetrübt. Für diffizilere Maschinenschmierung ist es unbrauchbar, aber für einfache, wo auch Destillate ohne Bedenken Verwendung finden könnten, ist es geeignet. Gut ist es natürlich, wenn man dem so gereinigten Öl $^2/_3$—$^1/_2$ Anteile eines ungebrauchten Öles zusetzen kann.

Komplizierter und kostspieliger ist eine Anlage, die das Öl durch Zentrifugieren nach dem Schleuderverfahren reinigt. Die erhaltenen Öle werden allerdings sehr schön. Langsam arbeitet die Dochtreinigung, bei der man das Öl durch Dochte aufsaugen und abfließen läßt, wobei gute Öle entstehen.

Eine bedeutend bessere Reinigung erhält man durch Behandeln der getrockneten Öle mit Fuller- oder anderen Bleicherden. Hierzu ist allerdings ein Kessel mit Heizschlangen und einer Rührvorrichtung (sei es ein Rührwerk oder Preßluft, die das Öl sehr gut durchrührt) sowie eine Filterpresse erforderlich. Bei 80—110° C schüttet man die Erde langsam unter Rühren ein und filtriert durch die Filterpresse, wobei mechanische Verunreinigungen nebst der Erde, die färbende und schädliche Substanzen aufgenommen hat, zurückbleiben. Man hat bei dieser Art der Reinigung noch den Vorteil, daß z. B. Öle aus Verbrennungsmotoren ihren Anteil an gelösten Treibstoffen verlieren, namentlich wenn man mit Luft rührt.

Die so gereinigten Öle sind, wenn sie auch etwas saurer als die Originalöle ausfallen, oft für die gleichen Zwecke wie vorher wieder zu verwenden, namentlich in Mischung mit frischen Ölen. Besonders gut lassen sich nach diesem Verfahren auch Transformatorenöle aufarbeiten, so daß sie frischen Ölen in ihrer Wirksamkeit kaum nachstehen.

Eine andere Art der Reinigung, die an die Raffination erinnert, ist die mit Schwefelsäure. Man rührt die Öle mit Schwefelsäure, worauf sich der Säureteer, bei niedrigerer Temperatur dickflüssig, bei höherer fast kokartig, absetzt, und entsäuert die Öle dadurch, daß man sie mit Lauge behandelt, was allerdings Erfahrung und Übung erfordert, damit keine Emulsion auftritt. Letzteres kann man umgehen, wenn man die mit Säure behandelten, noch sauren Öle Fullererde passieren läßt oder mit ihr verrührt und abfiltriert. Die Erde nimmt sämtliche Schwefelsäure auf, so daß die Öle gebrauchsfertig den Apparat verlassen. Derartige Anlagen sind teuer, brauchen viel Raum und eignen sich demgemäß nur für größere Betriebe, wo ein und dasselbe Öl in erheblichen Mengen anfällt. Die Laugung hat allerdings bessere Öle gegeben als die Fullererdebehandlung; denn wenn auch die Teerzahl bei beiden Ölen gleich ist, so ist bei den nur mit Erde nachbehandelten Ölen die Verteerungszahl, also die Oxydierbarkeit, höher.

Man kann aber im allgemeinen sagen, daß man mit Hilfe der zuletzt genannten Methoden Öle herstellen kann, die den ungebrauchten gleichwertig sind.

Will man das Öl auf billige Weise wieder gebrauchsfähig machen, namentlich auch von der Säure befreien, so läßt man von den mechanischen Verunreinigungen absitzen, gibt das Öl in einen Behälter, der durch eine Dampfschlange anwärmbar ist und unten eine Ausflußöffnung besitzt. Bei einer Erwärmung von etwa 80° C wird sich das Wasser zu Boden setzen, von wo es abgelassen wird. Das warme Öl wird zu $^1/_4$—$^1/_3$ seines Gewichtes mit 10—12 proz. Natronlauge versetzt und gut, möglichst mit einem Rührwerk, gerührt. Nach dem Absetzen läßt man die Lauge abfließen und wiederholt das Verfahren. Zuletzt wird mit heißem Wasser gut durchgewaschen, das Wasser abgelassen und dieses so oft wiederholt, bis das Wasser nicht mehr alkalisch reagiert, also rotes Lackmuspapier nicht mehr blau gefärbt wird. Getrocknet wird das Öl unter Rühren durch Erwärmen mit der Dampfschlange auf 100—110° C. Um ein Überschäumen hierbei zu verhindern, lasse man vorher möglichst viel Wasser ab.

Der Mann der Praxis wird einwenden, daß es für kleinere, ja mittlere Betriebe (und diese verbrauchen in der Gesamtheit das meiste Schmieröl) sich nicht lohnt, teure Apparate anzuschaffen. Es sind aber noch andere Schwierigkeiten vorhanden. Es ist bereits erwähnt, daß es darauf ankommt, gleichartige Öle getrennt von anderen Ölen zu sammeln, damit ein einheitliches Produkt wieder entstehen kann und nicht durch Mischung von Maschinenöl, Zylinderöl, Braunkohlenöl, Bohröl, fetten Ölen, konsistenten Fetten und ähnlichem die ganze Reinigung in Frage gestellt wird.

Die Mineralölwerke, die dazu berufen erscheinen, Abfallöle wieder aufzuarbeiten, tun dies sehr ungern, da sie stets Differenzen mit den Lieferanten haben, weil die Fässer zuviel Wasser enthalten, mehrere Öle gemischt sind usw. Es muß also jeder, auch der kleine Ölverbraucher, seine Öle sammeln und am besten nach der Methode der Laugenreinigung selbst aufarbeiten. Derartig gereinigte Öle sind für Transmissionsschmierung sehr gut zu brauchen.

Anhang.

Es seien anhangsweise noch einige Substanzen beschrieben, die für sich allein meist nicht als Schmiermittel in Anwendung kommen, wohl aber in Mischung mit Mineralöl. Nur unter diesem Gesichtspunkte sollen sie besprochen werden.

Graphit.

Man sucht seit einigen Jahren die günstige Wirkung des Graphits mit der des Schmieröles zu vereinigen und dadurch die Schmierergiebigkeit zu erhöhen und bringt Suspensionen von Graphit mit Schmieröl in den Handel.

Natürlicher Graphit enthält Gangart, die durch Schlämmen entfernt wird. Er wird auf folgende Weise weiter gereinigt: Dem fein gemahlenen Graphit wird Paraffinöl und Wasser zugesetzt und die Mischung miteinander verrührt. Die mineralische Substanz suspendiert sich im Wasser und wird entfernt. Der Graphit sammelt sich im Öl an, woraus er durch Öllösungsmittel wieder entfernt wird. Neben den mechanisch beigemengten Teilen sind im Graphit selbst Substanzen enthalten, wie Eisenverbindungen, Kieselsäure, Kalk, Magnesia usw. Sind diese nicht auf chemische Weise zu entfernen, was nur mit großer Mühe unter Anwendung von Flußsäure gelingt, so können sie die Lager mechanisch stark angreifen, da sie schleifend wirken. Die Verwendung dieses natürlichen Graphites hat außerdem den Nachteil, daß die Graphitflocken langsam zu Boden sinken, sich also nicht im Öl schwebend halten. Auch ist nach Ansicht vieler der natürliche Graphit krystallinisch, der künstliche amorph, was allerdings nicht zutrifft. Der Graphit ist nach *Kohlschütter* (Zeitschr. f. anorg. u. allg. Chem. 105, 35—68. 1918) nur eine Abart, eine „Bildungsform" des schwarzen Kohlenstoffes. Man nimmt gern künstlichen Graphit, der sehr feinflockig und chemisch außerordentlich indifferent ist und nach dem Verfahren von *Acheson* mit Hilfe der Elektrizität des Niagarafalles im elektrischen Ofen hergestellt wird. Er besteht aus fast chemisch reinem Kohlenstoff, so daß hier die obenbezeichneten Nachteile, hervorgerufen durch die schleifende Wirkung der Gangart, wegfallen.

Die Suspension dieses Graphits in Mineralöl (Oildag) kommt in ziemlich konzentriertem Zustande in den Handel. Der Graphit ist hier nach einem Patent von *Acheson* mit Tannin o. dgl. behandelt, wodurch bewirkt wird, daß er sich nicht absetzt und eine haltbare Suspension gibt. Er ist kolloidchemisch gesprochen im Solzustande vorhanden. Die gleichen Eigenschaften zeigt das aus natürlichem gereinigten Graphit hergestellte Kollag. Die Herstellung eines Graphitöles mit Oildag oder Kollag ist sehr einfach: Man gießt zu dem Maschinenöl etwa 1% und rührt gut um, damit der Graphit sich gleichmäßig im Öl verteilt. Ein Graphitöl darf seinen Graphit nicht ausscheiden und zu Boden fallen lassen, so daß oben eine Schicht reinen Öles entsteht. Um das Öl auf seine diesbezügliche Brauchbarkeit zu prüfen, läßt man es mehrere Wochen ruhig stehen und hält ein Stückchen Filtrierpapier oben hinein. Wird das Papier schwarz gefärbt und saugt kein helles Öl im Papier hoch, so ist das Graphitöl als gut zu bezeichnen, soweit die Emulsion in Frage kommt.

Rüböl.

Wenn Rüböl zu Schmierzwecken gebraucht werden soll, ist rohes Rüböl zu verarbeiten. Es muß einen möglichst niedrigen Gehalt an freier Säure aufweisen. Sogenannte technische oder extrahierte Rüböle sind nicht zu brauchen, weil sie zu sauer sind, oft auch viel Schleimstoffe enthalten und getrübt erscheinen. Zuzulassen ist ein Säuregehalt, als Ölsäure berechnet, von höchstens 2%, auch muß das Öl frei von Satz sein. Zur Herstellung von geblasenem Rüböl muß das Ausgangsmaterial ebenfalls so säurearm wie möglich sein, damit das Endprodukt nicht zu sauer wird. Rüböle, die der Verarbeitung zu konsistenten Maschinenfetten dienen sollen, können natürlich gern einen höheren Säuregehalt aufweisen.

Analytische Daten:

Spez. Gew. bei 15° C	Flpkt. ° C		Visc. bei		Freie Säure als Ölsäure berechnet	Verseifungszahl	Jodzahl	Herkunft
	i. o. T.	P.-M.	20° C	50° C				
0,915	300	218	13,2	4,3	1,1	175	101	England
0,914	308	222	12,7	4,3	1,7	175,5	102	Holland
0,913	305	240	12,4	4,1	1,6	175	101	Deutschland
0,914	306	230	12,8	4,2	2,6	174,5	100	„

Raffinierte Rüböle sind infolge des Raffinationsprozesses saurer als rohe Öle. Sie kommen für technische Zwecke eigentlich nur bei der Herstellung von Brennöl in Betracht.

Analytische Daten:

Spez. Gew. bei 15° C	Flpkt. ° C		Visc. bei		Freie Säure als Ölsäure berechnet	Verseifungszahl	Jodzahl	Herkunft
	i. o. T.	P.-M.	20° C	50° C				
0,913	300	230	12,9	4,2	2,1	176	101	England

Geblasene Öle.

Das Blasen oder Eindicken geschieht in der Weise, daß man Luft mittels eines Kompressors oder Gebläses mehrere Stunden lang durch ein auf 110—140° C erhitztes Öl hindurchschickt. Das Öl befindet sich in einem geschlossenen Behälter, der mit einem Dunstrohr versehen ist. Nach einer anderen Methode läßt man Öl einem Luftstrom entgegentropfen. Der Sauerstoff der Luft oxydiert hierbei einen Teil des Öles und macht es dickflüssiger und zäher. Auch wirkt die Polymerisation des Öles infolge der Hitze in gleichem Sinne. Die Verdickung ist im allgemeinen um so größer, je energischer die Behandlung mit Luft und je höher die Temperatur ist. Im Anfang des Blasens bemerkt man keine Veränderung. Nach längerer Zeit wird das Öl heller. Äußere Wärmezufuhr ist dann nicht mehr nötig, das Öl erhitzt sich infolge der Oxydation von selbst. Zeitweise muß man sogar kühlen. Welche Veränderungen gehen mit dem Öl vor? Es wurde bereits gesagt, daß es dickflüssiger wird, also an Viscosität zunimmt, dann erhöht sich der Gehalt an freier Säure, das spez. Gewicht sowie der Brechungsexponent steigt, und die Jodzahl fällt. Unter Jodzahl (JZ.) versteht man die von 100 g Fett oder Öl unter bestimmten Bedingungen aufgenommene Menge Jod. Dieses Quantum ist bei den Ölarten verschieden, hält sich aber bei ein und derselben Art in bestimmten Grenzen, so daß die JZ. als Kennzahl dient. Je nach der Höhe der JZ. teilt man die pflanzlichen Öle ein in trocknende mit einer JZ. von 130—200 (Leinöl, Holzöl usw.), halbtrocknende mit einer JZ. von 95—130 (Rüböl, Baumwollsaatöl usw.) und nicht trocknende mit einer JZ. unter 95 (Olivenöl, Ricinusöl usw.).

Wenn Rüböl (JZ. etwa 100) genommen wird, so liegt ein halbtrocknendes Öl vor. Infolge des Blasens ist die JZ. gefallen (auf unter 60), so daß ein nicht trocknendes Öl daraus entstanden ist. Um als Endprodukt kein zu saures Öl zu erhalten, muß das Ausgangsmaterial möglichst

Zeit in Stunden nach Erreichen der Temperatur von 110° C	Viscosität bei 100° C	Gehalt an freier Säure als Ölsäure berechnet	Spez. Gew. bei 15° C	JZ.	n_{20}
0	1,6	0,91	0,915	100,3	1,4725
1	1,6	0,91	0,915	96,2	1,4726
3	1,8	1,19	0,925	86,0	1,4728
5	2,3	1,96	0,940	77,9	1,4747
6,5	2,8	2,80	0,950	72,2	1,4755
8	3,5	3,61	0,958	67,0	1,4763
9	4,1	4,41	0,961	64,3	1,4767
10	4,7	4,97	0,966	62,1	1,4770
11	5,2	5,60	0,969	59,8	1,4776
12	6,0	6,09	0,973	57,5	1,4785
13	6,7	6,58	0,975	56,7	1,4792
14	7,4	6,79	0,977	55,3	1,4800

wenig freie Säure enthalten und die Temperatur beim Blasen möglichst niedrig sein. Durch langes Eindicken und namentlich durch hohe Temperatur wird das Öl wieder dunkler.

Um zu zeigen, wie sich rohes Rüböl durch das Blasen verändert, sei vorstehende Tabelle angeführt, es sei aber bemerkt, daß sich Öle je nach der Arbeitsweise und der Apparatur verschieden verhalten.

Eine Mischung von 50% rohem Rüböl und 50% „extra hellem" Robbentran gab beim Blasen folgende Werte:

Zeit in Stunden nach Erreichen der Temperatur von 110° C	Visc. bei 50° C	Gehalt an freier Säure als Ölsäure berechnet	Spez. Gew. bei 15° C	n_{20}	Flammpunkt Pensky-Martens ° C
0	3,75	0,95	0,924	1,4740	234
1	3,77	0,95	0,924	1,4741	230
2	3,80	0,99	0,924	1,4743	225
3	4,80	1,15	0,925	1,4745	213
4	6,63	1,54	0,937	1,4752	155
5	8,50	1,85	0,948	1,4761	160
6	11,00	2,32	0,954	1,4769	164
7	14,10	2,77	0,960	1,4776	167
8	18,08	3,32	0,965	1,4785	168
9	22,80	3,76	0,969	1,4792	170
10	27,90	4,35	0,973	1,4800	175
11	34,50	4,80	0,976	1,4809	177
12	41,12	5,38	0,979	1,4820	179
13	48,02	5,87	0,980	1,4828	181
14	54,00	6,30	0,981	1,4835	183

Die beiden zur Mischung genommenen Öle hatten folgende Teste:

	Visc. bei 50° C	Freie Säure als Ölsäure berechnet	n_{20}	Spez. Gew. bei 15° C	Flpkt. Pensky-Martens ° C
Rohes Rüböl	4,2	1,15	1,4725	0,915	240
Extra heller Robbentran	3,1	0,68	1,4767	0,925	231

Interessant ist, daß der Flammpunkt nach *Pensky-Martens* zuerst ziemlich schnell abfällt, dann langsam wieder steigt. Es ist dies darauf zurückzuführen, daß durch die Oxydation bei allen fetten Ölen flüchtige Verbindungen gebildet werden, darunter Acrolein und Crotonaldehyd, die durch die eingeblasene Luft allmählich wieder entfernt werden.

Erwähnt sei noch, daß der Trangeruch sich durch das Blasen vollständig verliert, wenn genügend lange eingedickt wird, und daß auch der chemische Nachweis, der sich auf die Oktobromidprobe oder vielleicht auf die etwas höhere Jodzahl als bei reinem geblasenen Rüböl stützt, nicht mehr gelingt, welcher Zeitpunkt um so früher eintritt, wenn gute,

d. h. nicht allzu saure Trane mit möglichst niedriger JZ. (Wal- und Robbentran) zur Verwendung kommen. Je weniger freie Säure der Tran enthält, um so heller wird das geblasene Öl. Die meisten im Handel befindlichen eingedickten Rüböle haben einen Zusatz von Baumwollsaatöl oder Tran. Was die Schmierfähigkeit des geblasenen Tranes und seine Brauchbarkeit in Mischung mit Mineralölen anbetrifft, so sind derartige Öle vom schmiertechnischen Standpunkte aus nicht als minderwertig, sondern als den reinen, geblasenen Rübölen gleich- wertig zu betrachten.

Ricinusöl.

Vor dem Kriege kamen 94% der auf dem Weltmarkt gehandelten Ricinussamen aus Indien und gingen demgemäß nach England. Heute wird die Anpflanzung von Ricinus auch in Mittel- und Südamerika versucht, wo namentlich Brasilien und Argentinien über ausgedehnte Kulturen verfügen.

Der Umsatz in Ricinusöl hat sich vergrößert durch die Zunahme der Automobile und Flugzeuge und die Verarbeitung in der Industrie, z. B. Linoleumfabrikation, Farben- und Kautschukindustrie und andere mehr. Für technische Zwecke ist die Pressung I die beste und hellste, während die weiteren Pressungen im Säuregehalt zunehmen und dunklere Produkte darstellen. Extrahiertes Öl hat eine grünliche Färbung und ist ziemlich sauer. Ricinusöl hat eine hohe Viscosität und enthält im Gegensatz zu den übrigen fetten Ölen Glyceride von Oxyfettsäure.

Analytische Daten:

Spez. Gew. bei 15° C	Flamm-punkt ° C		Visc. bei		Freie Säure als Ölsäure berechnet	Versei-fungs-zahl	Jod-zahl	Pres-sung	Herkunft
	i. o. T.	P.-M.	20° C	50° C					
0,964	289	244	138,0	19,0	1,3	178	84	I	Brasilien
0,961	295	245	125,5	17,0	0,4	177	83,5	I	England
0,969	293	240	129,1	17,5	3,4	178	83,8	III	,,

Ricinusöl ist im Mineralöl so gut wie unlöslich, dagegen in Alkohol löslich.

Man kann es mineralöllöslich machen, wenn man es so lange auf 300° C erhitzt, bis 5—10% seines Gewichtes abdestilliert sind (Florizinöl und ähnlich Derizinöl). Durch diese Behandlung werden der Säuregehalt, die Verseifungszahl und Jodzahl erhöht, so daß ein derartiges Öl mehr den normalen Fetten gleicht. Die Alkohollöslichkeit verliert sich ebenfalls. Auch andere Verfahren sind im Gebrauch, um das Ricinusöl mit Mineralölen mischbar zu machen. Als Beispiel seien analytische Daten von Derizinöl angegeben:

Spez. Gewicht bei 15° C	Flammpunkt °C		Visc. bei 20° C	Farbe
	i. o. T.	P.-M.		
0,956	255	212	190	hellgelb

Knochen- und Klauenöl.

Aus den Knochen, die 8—10% Fett enthalten, wird durch Auskochen mit Wasser bzw. Dämpfen oder vollkommener durch Extrahieren mit Benzin oder ähnlichen Lösungsmitteln das Knochenfett und -öl gewonnen. Durch Umschmelzen und Filtrieren wird es gereinigt und von der stets vorhandenen Kalkseife befreit, dann werden durch Ausfrierenlassen die flüssigen von den festen Substanzen weiter getrennt. Für Schmierzwecke sind die kältebeständigen Sorten Knochenöl (Kältepunkt bis — 20° C) die besten. Knochenöl ist ein nichttrocknendes Öl, das eine niedrige Jodzahl (48—76) hat, und ist infolgedessen, zumal es auch sehr säurearm geliefert werden kann, anderen Ölen vorzuziehen, da es auch einen hohen Schmierwert besitzt.

Analytische Daten:

Spez. Gewicht bei 15° C	Flammpunkt ° C		Visc. bei		Freie Säure als Ölsäure berechnet	Stockpunkt ° C	Beginn der Trübung ° C	Herkunft
	i. o. T.	P.-M.	20° C	50° C				
0,915	285	212	12,9	4,0	0,7	— 8	— 4	amerikanisch
0,915	305	243	12,6	3,4	0,7	— 5	— 1	deutsch
0,914	304	250	12,3	3,2	1,0	—13	—10	,,

Das Knochenfett, das bei Zimmertemperatur halbfest ist, kann zur Herstellung konsistenter Maschinenfette Verwendung finden. Es hat, selbst wenn es raffiniert ist, noch einen bedeutenden Säuregehalt.

Olein.

Olein ist flüssige Ölsäure. Es kann aus den festen Fetten von Landtieren und Pflanzen hergestellt werden und soll eine Verseifungszahl haben, die zwischen 190 und 205 liegt, auch sei die Jodzahl höchstens 90. Meist werden Talg und Knochenfett zur Herstellung verwendet. Ölsäuren aus Tran und Pflanzenölen sind nicht als Olein zu bezeichnen, wenn sie auch nach besonderem Verfahren hergestellt sein sollten. Ölsäure ist bei der Herstellung von Bohröl als Klärungsmittel sehr geeignet. Da derartige Öle eine möglichst helle Farbe haben sollen, sind keine dunklen Ausgangsmaterialien zu nehmen. Es gibt nun fast wasserhelle Oleine, die an sich brauchbar, aber zu teuer sind. Sie sollen gelb bis gelblichbraun sein, ferner blank, was man im Handel dann mit blond bezeichnet. Das Destillatolein ist im allgemeinen besser geeignet als das Saponifikatolein. Es enthalte möglichst wenig Unverseifbares; bis 7% sollte man zulassen. Wollfettolein ist nicht zu empfehlen, da der unverseifbare Anteil zu groß ist.

Analytische Daten:

Spez. Gew. bei 15° C	Verseifungs-zahl	Jodzahl	Säure-zahl	Unverseif-bares %	Farbe	Herkunft
0,900	200	89	195	4,5	hellbräunlich	Deutschland
0,898	198	87	196	4,1	„	Holland

Trane.

Unter der Bezeichnung Trane faßt man im Handel alle Öle zusammen, die aus Meerestieren wie Fischen, Walen, Robben gewonnen werden, wenn auch folgende Einteilung wissenschaftlich genauer ist: Hier versteht man unter Tran nur die Wal- und Robbentrane, während man aus Fischen gewonnene Produkte als Fischöl bezeichnet, z. B. Heringsöl. Eine besondere Gattung stellen die Leberöle dar, die aus sonst fettarmen Fischen wie Dorsch und Kabeljau gewonnen werden.

Waltran.

Aus dem Speck der verschiedenen Arten von Walen wird teils auf primitive, teils besser technisch durchgebildete Weise der Waltran gewonnen. Der meiste Tran kommt heute aus dem südlichen Eismeer, da im Norden der Fang sehr nachgelassen hat. Der südländische Wal liefert allerdings nicht die gleiche Ausbeute und dieselbe gute Qualität wie der nordländische.

Die Handelstrane werden nach Farbe und Geruch bewertet. Man unterscheidet die Sorten 0—IV. Erstklassige Trane können nur aus ganz frischem, nicht in Zersetzung übergegangenem Material hergestellt werden. Leider sind die Waltrane nie frei von Satz, der sich allerdings, wenn es sich nicht um Schmutz, sondern um Stearin handelt, in Mineralöl auflöst, aber auch beim Eindicken nicht verschwindet.

Zum Eindicken nehme man hellen Tran, möglichst durch Ablagern satzfrei erhaltene Ware, die nur einen geringen Prozentsatz an freier Fettsäure aufweist.

Analyse einiger Waltrane.

	Spez. Gew. bei 15° C	Freie Säure als Ölsäure berechnet	Jodzahl	Farbe
Waltran 0	0,920	3,0	117	hellgelb
„ I	0,924	7,2	120	gelb
„ II	0,925	14,1	135	hellrot
„ III	0,926	21,6	136	rot

Robbentran.

Die Robben haben unter der Haut eine Speckschicht, aus der Tran gewonnen wird. Er wird aus dem Speck entweder durch Stehenlassen oder durch Erhitzen mit Wasserdampf erhalten. Die zuerst ausfließenden Anteile sind die hellsten und säureärmsten. Die späteren sind dunkler und reicher an freier Fettsäure, doch wird ein Teil des Robbentrans auch einer Bleichung unterzogen.

Helle Trane haben einen Gehalt an freier Fettsäure von 1—2%, dunklere mehr, die braunen bis 20%. Die Robbentrane sind, wenigstens in den hellen Sorten, fast satzfrei und eignen sich daher gut zum Eindicken.

Analyse einiger Robbentrane.

	Spez. Gew. bei 15° C	Freie Säure als Ölsäure berechnet	Jodzahl	Farbe
Heller Robbentran	0,925	14,0	134	gelb
Extra heller Robbentran . .	0,924	1,4	132	hellgelb
Heller Robbentran	0,926	7,2	136	gelb
Heller Robbentran	0,925	2,1	143	gelb

Heringstran.

Heringstran, auch Heringsöl genannt, wird aus den Heringen gewonnen, die gekocht werden, wobei die Hauptmenge Tranöl austritt. Nach dem Kochen, bei dem darauf geachtet werden muß, daß der Fisch nicht zerkocht, läßt man stehen, worauf das Öl an die Oberfläche steigt, und trennt die Flüssigkeitsschichten. Der zurückbleibende feste Anteil wird noch ausgepreßt.

Heringstran hat einen höheren Gehalt freier Säure, die hellsten Sorten etwa 7% als Ölsäure berechnet, weshalb er zum Eindicken nicht geeignet ist, zumal er ein ziemlich dunkles Produkt ergibt. Zur Herstellung von konsistentem Fett ist er geeignet.

Gehärtete Fette.

Gehärtete Trane, die zum größten Teil in der Margarineindustrie verarbeitet werden, können bei der Fabrikation von konsistenten Fetten Verwendung finden, namentlich wenn sie einer weitgehenden Härtung unterzogen worden sind. Sie werden hergestellt, indem man durch die neutralen Öle bei Gegenwart von fein verteiltem Nickel oder Nickeloxyd als Katalysator unter Druck Wasserstoff durchleitet. Hierbei wird Wasserstoff aufgenommen, und die Fette oder die Öle werden in ihrem Schmelzpunkt erhöht, so daß man ungefähr die Härte von Talg oder eine größere Festigkeit erhält.

Die analytischen Daten zweier für die Herstellung von konsistentem Fett bestimmter gehärteter Trane seien angeführt:

Name	Verseifungs-zahl	Schmelz-punkt ° C	Farbe	Verseifbar-keit %	Konsistenz
Talgol	191,8	38	weiß	98,7	hart
Candelite.	191,7	49	,,	98,5	,,

Soyabohnenöl.

Soyaöl wird aus der Soyabohne hergestellt, die in den verschiedensten Ländern, namentlich in der Mandschurei, China und Japan angepflanzt wird; auch Ostindien liefert Soyabohnen. Das Öl wird aus den Bohnen gepreßt oder extrahiert, da hierdurch eine vollkommenere Ausnutzung stattfindet. Fabriken zur Herstellung des Öles befinden sich sowohl in den Ländern, in denen die Bohne wächst, als auch in Deutschland.

Soyaöl findet hauptsächlich in der Seifenfabrikation Verwendung, auch als Speiseöl ist es im Handel. Für Schmierzwecke kommt es nur in Frage bei der Herstellung von konsistenten Fetten oder geblasenen Ölen. Für letztere Verwendung muß es möglichst säurefrei sein.

Baumwollsaatöl.

Kotton- oder Baumwollsaatöl wird aus der amerikanischen und der ägyptischen Baumwollsaat gewonnen. Es enthält viel freie Säure, schleimige Stoffe, auch Baumwollfasern, ferner festes Stearin, das bei niedriger Temperatur auskrystallisiert. Da das Öl sehr dunkel ist, wird es einer Laugenraffination unterworfen und mit Bleicherden behandelt. Als Schmieröl kommt es nur in Form von geblasenem Öl zur Verwendung, wo es namentlich dazu dient, Rüböl zu verfälschen.

Olivenöl.

Olivenöl wird aus den Früchten des Ölbaumes, die 40—60% enthalten, gewonnen. Die besseren Sorten werden durch Auspressen, die geringeren durch Extraktion gewonnen. Da das Olivenöl ein teures Öl ist, wird es vielfach verfälscht, und zwar meist durch Zugabe von Erdnußöl, das ähnliche chemische Analysenzahlen aufweist, seltener durch Soya- und anderes Öl. Selbst unmittelbar aus Spanien importiertes Öl braucht nicht rein zu sein, da es in diesem Lande gestattet ist, Erdnußöl zuzusetzen, ohne daß es eine Fälschung darstellt.

Die analytischen Daten eines guten Olivenöles seien nachfolgend angegeben:

Spez. Gew. bei 15° C	Flammpkt. i. o. T. ° C	Visc. bei 50° C	Jodzahl	Herkunft
0,915	302	3,75	82,2	Frankreich

Montanwachs.

Die Braunkohle enthält Montanwachs. Man kann dieses mit Benzol oder Benzin extrahieren oder auch durch Schwelen gewinnen. Das rohe Montanwachs ist dunkelbraun und ziemlich hart, das gebleichte weicher. Da es Säureverbindungen und freie Säuren enthält, läßt es sich verseifen, wovon man bei der Herstellung von konsistenten Fetten Gebrauch macht. Die hauptsächlichsten Analysenzahlen sind folgende:

	Tropfpkt. °C	Flammpkt i. o. T. °C	Aschegehalt %
rohes Montanwachs	80—90	über 290	4—8
gebleichtes Montanwachs	75—80	über 290	3—7

Sachregister.

DEUTSCH-BALTISCHE OEL-GESELLSCHAFT M.B.H.
HAMBURG 1

BALLINHAUS

LIEFERUNG VON MINERAL-SCHMIEROELEN ALLER ART AUSSCHLIESSLICH AN VERBRAUCHER, BESONDERS HOCHWERTIGE SPEZIALOELE

DEBALTOL-AUTOOELE!

AUF ANFRAGE KOSTENFREIE BERATUNG BEI DER AUSWAHL DER RICHTIGEN OELE

LAGER AN ALLEN WICHTIGEN PLÄTZEN DEUTSCHLANDS!

KOLLOIDALE GRAPHITSCHMIERMITTEL

Vorbedingung für den gleichmäßigen Lauf der Maschine ist beste Schmierung

KOLLAG

Nur **kolloidaler** Graphit gewährleistet eine verbesserte Schmierung. Dieser kolloidale öllösliche Graphit wird dem Maschinen-Zylinder- und Motorenöl zugesetzt. 1—2 % Kollag-Zusatz erhöht die Schmierwirkung, verringert die Reibungsarbeit, erhöht die Betriebssicherheit, verringert die Ölkosten.

KOLLAGFETTE

bewirken festes Haften der Fette an den Gleitflächen, wodurch ein erhöhter Schmiereffekt erzielt wird.

KOLLAG-AUTOSCHMIERMITTEL

für Motor, Getriebe und alle anderen Schmierstellen des Autos verringern die Reibungsarbeit, erhöhen die Nutzleistung des Motors, vermindern die Bewegungsgeräusche.

E. de Haën A.-G., Seelze bei Hannover

WOLL-WÄSCHEREI & -KÄMMEREI IN DÖHREN BEI HANNOVER

liefert

Neutral-Wollfette

für technische Schmierfette jeder Art

Wollfett-Fettsäuren

zur Herstellung von seifenhaltigen Schmierfetten

Wollwachs

als Ersatz für andere Wachse

VERLAG VON OTTO SPAMER IN LEIPZIG C 1

CHEMISCHE APPARATUR

ZEITSCHRIFT FÜR DIE MASCHINELLEN UND APPARATIVEN HILFSMITTEL DER CHEMISCHEN TECHNIK

MIT DER MONATSBEILAGE: KORROSION.
WAHL, HERSTELLUNG UND SCHUTZ DES BAUSTOFFES
DER APPARATUREN DER TECHNIK

Schriftleitung:
Zivilingenieur BERTHOLD BLOCK

Erscheint monatlich zweimal / Vierteljährlich RM 5.—
Für das Ausland Zuschlag für Porto usw.

Die „Chemische Apparatur" bildet einen Sammelpunkt für alles Neue und Wichtige auf dem Gebiete der maschinellen und apparativen Hilfsmittel chemischer Fabrikbetriebe. Außer rein sachlichen Berichten und kritischen Beurteilungen bringt sie auch selbständige Anregungen auf diesem Gebiete. Die „Zeitschriften- und Patentschau" mit ihren vielen Hunderten von Referaten und Abbildungen sowie die „Umschau" und die „Berichte über Auslandspatente" gestalten die Zeitschrift zu einem

ZENTRALBLATT FÜR DAS GRENZGEBIET VON CHEMIE UND INGENIEURWISSENSCHAFT

ALBERT SCHMITZ & CO.
DÜSSELDORF 46

BILKER ALLEE 49 / FERNSPRECHER 21452

Sonderherstellung von

Dentoline
die bewährte Getriebe=
schmierung

Frigorol
das bewährte
Auto=Oel

IN= UND AUSLAND=FABRIK.

Der Wärmeingenieur. Führer durch die industrielle Wärmewirtschaft, für Leiter industrieller Unternehmungen und den praktischen Betrieb dargestellt. Von Dipl.-Ing. **Julius Oelschläger.** Z w e i t e, vervollkommnete Auflage. Mit 364 Figuren im Text und auf 9 Tafeln. Geheftet RM 21.—; geb. RM 24.—

Wochenblatt für die Papierfabrikation: Endlich ist ein Buch erschienen, welches wie kein zweites bisher geeignet ist, als Nachschlagewerk für den Betriebswärmeingenieur zu dienen. Noch größeren Wert aber hat dieses Buch meiner Ansicht nach als kurzgefaßtes Lehrbuch für die Ausbildung der Wärmetechniker an allen technischen Lehranstalten. — Das Werk enthält, fundamental entwickelt, eine zusammengefaßte Übersicht über die gesamte Wärmetheorie einschließlich der neuesten Forschungen mit allen notwendigen Formeln, Tabellen und Schaubildern und eine folgerichtige Zusammenstellung aller in der Praxis zur Wärmeerzeugung oder Wärmeverwendung dienenden Apparate und Hilfsmittel nebst knapper, aber leichtverständlicher Beschreibung und Anwendungserklärung. Ich habe bis jetzt kein Buch gefunden, welches wie das vorliegende geeignet wäre, in geradezu idealer Weise dem angehenden Techniker die gesamte Wärmelehre und Anwendung zu erschließen, und ich kann allen Lehranstalten nur dringend raten, ihren Lehrplan diesem vorzüglich aufgebauten Buche anzupassen.

Wärmetechnische Grundlagen der Industrieöfen. Eine Einführung in die Wärmelehre und gedrängte Übersicht über die verschiedenen Arten von Brennstoffen und ihre Verwertung. Von Hofrat Ing. **Hans v. Jüptner,** o. ö. Professor. Mit 25 Figuren im Text. Geheftet RM 20.—; geb. RM 23.—

Zeitschrift für angewandte Chemie. Verfasser behandelt zunächst die Wärmelehre einschließlich der Wärmeübertragung, der Verbrennung, der Mittel zur Erzielung einer vollständigen Verbrennung, bespricht kurz die Prüfung der Feuerungsanlagen, gibt dann eine gedrängte Übersicht der Brennmaterialien und ihrer Veredlungsverfahren und schließt mit einer kurzen Übersicht über die verschiedenen Arten ihrer Verwendung. Das Werk stellt eine sehr brauchbare Zusammenfassung seines Stoffgebietes dar und ist infolge seiner knappen Fassung auch besonders für den Betriebsmann geeignet.

Tonindustrie-Zeitung. In allen Kapiteln sind die neuesten Erkenntnisse und Erfahrungen verwertet und an Hand eines umfangreichen Zahlen- und Tabellenmaterials zur klaren Darstellung gebracht. Das wertvolle Werk vermag uns daher einen tiefen Einblick und umfassenden Überblick über dieses Gebiet zu geben, das deswegen so besonders wichtig ist, weil es die Grundlage für alle wärmetechnischen Sonderfragen bildet.

Elemente der Feuerungskunde. Von Dr. **Hugo Hermann.** Geheftet RM 3.—; gebunden RM 4.—

Montanistische Rundschau: In einer außerordentlich übersichtlichen Art werden alle einschlägigen theoretischen und praktischen Fragen erörtert. Einen besonderen Vorzug des Werkes stellen die zahlreichen Beispiele dar, die jedem Abschnitt beigegeben sind. Durch diese Beispiele werden die verwickelten Vorgänge der Verbrennung sowie insbesondere die Aufstellung der Stoffbilanzen bei den verschiedenen Arten der Feuerungen in einer Weise erläutert, daß Fachmann und Laie dieses Werk nur mit großem Vorteil lesen und als Nachschlagebuch ständig verwenden werden.

Allgemeine Energiewirtschaft. Eine kurze Übersicht über die uns zur Verfügung stehenden Energieformen und Energiequellen, sowie die Möglichkeit, sie in Privat- und Volkswirtschaft, im Gemeinde- und Staatsleben auszunützen. Mit 22 Abbildungen im Text. Geheftet RM 10.—; gebunden RM 12.50.

Auto-Technik. Das nicht umfangreiche Buch des ungemein geistvollen, längst nicht genügend bekannten österreichischen Forschers und Lehrers liest sich so leicht und flüssig wie Wiener Essays, und mahnt so ernst und weitschauend wie ein Testament. Im Grunde enthält es einen Spaziergang durch die heutige technische, wirtschaftliche und politische Welt an Hand des Wilhelm Ostwaldschen energetischen Imperativs: „Vergeude keine Energie, sondern verwerte sie." Sinngemäß führt uns der Verfasser durch die vorhandenen Energiequellen (Kapitel 5—7) und beschaut sich diese sowohl hinsichtlich allgemeiner Gesichtspunkte (Kapitel 1—4) wie auch hinsichtlich der unmittelbaren Anwendung (Kapitel 8—10).

Der Indikator und das Indikatordiagramm. Ein Lehr- und Handbuch für den praktischen Gebrauch. Von **W. Wilke.** Mit 203 Figuren im Text. Geheftet RM 4.50; gebunden RM 6.—

Zeitschrift des Vereins deutscher Ingenieure: Das Werk von Wilke enthält Geschichtliches über die Entwicklung des Indikators, kritische Betrachtungen der Vor- und Nachteile sämtlicher gebräuchlicher Sonderausführungen von Indikatoren, Anweisungen über Gebrauch und Pflege des Indikators, Betrachtungen über das indizierte und das wahre Druckdiagramm und über die Ermittlung der indizierten Leistung, eingehende Erörterungen über den Verlauf der einzelnen Phasen von Diagrammen der verschiedensten Maschinen und eine Reihe von anderen Abhandlungen. Das Buch kann jedem empfohlen werden, der im Laufe seiner Tätigkeit mit dem Indikator arbeiten muß oder sich mit dessen Arbeiten vertraut machen will. Für den Studierenden wird es ein Lehrbuch sein. Der junge Ingenieur, der hinausgeschickt wird, um Indizierungen vorzunehmen, findet eine Fülle von Erfahrungen in dem Buch niedergelegt, die er sich erst nach jahrelanger Tätigkeit, und zwar oft erst als Folge von Mißgriffen, aneignen würde; mit einer Ausführlichkeit, die ihm besonders wertvoll sein wird, ist das Lesen von Diagrammen behandelt, und zwar an Hand von Beispielen aus der Praxis, sowohl für Dampfmaschinen als auch für Verbrennungs-Kraftmaschinen, Kompressoren und Pumpen. Der Konstrukteur erhält reiche Anregung; u. a. findet er in dem Kapitel über Hubverminderer eine Darstellung, von deren richtiger Anordnung in verschiedensten Ausführungen, wobei sowohl auf proportionale Übertragung des Kolbenweges auf den Indikatorweg als auch auf sichere Einhängung der Indikatorschnüre bei hoher Umdrehungszahl Rücksicht genommen wird. Der im tätigen Leben stehende Betriebs- und Montage-Ingenieur findet seine Erfahrungen übersichtlich zusammengestellt und in manchen Punkten bereichert, und es wird ihm das Buch von Fall zu Fall als Nachschlagebuch dienen.

Die Luftvorwärmung im Dampfkesselbetrieb. Von Dipl.-Ing. **Wilhelm Gumz.** Mit 89 Abbildungen im Text und auf 2 Tafeln sowie 16 Zahlentafeln. Geheftet RM 10.—; gebunden RM 12.—

Das Gas- und Wasserfach: Dieses neue Buch, Band 9 der Monographien zur Feuerungstechnik, bringt in äußerst klarer Weise und geschickt angeordnet interessante und wissenswerte Aufführungen über die Leistungssteigerung der Dampfkesselanlagen sowie Verbilligung des Dampfpreises durch die Vorwärmung der Dampfkesselverbrennungsluft. Das Buch, das einen wertvollen, wie auch willkommenen Beitrag der neuen Literatur des Dampfkesselwesens darstellt, verdient wegen seiner leicht verständlichen und doch wissenschaftlich richtigen Behandlung des Stoffes eine weite Verbreitung; der Verfasser beherrscht den Stoff vollständig. Das vorzüglich geschriebene Werk wird zur Lösung vieler wichtiger Aufgaben, die es behandelt (Steigerung der Kesselleistung und Verbilligung der Dampfkosten), wesentlich beitragen.

Störungen an Kältemaschinen, insbesondere deren Ursachen und Beseitigung. Von Oberingenieur **Eduard Reif,** Berat. Sachverständiger. Z w e i t e, neubearbeitete Auflage. Mit 35 Bildern im Text. Geheftet RM 7.50; gebunden RM 9.—

Süßwaren-Industrie: Mit enormem Fleiß wurde alles für den Betriebsmann wichtige Material zusammengetragen und in klar verständlicher Form zusammengefaßt. Zahlreiche Abbildungen, Tabellen und schematische Darstellungen, wie auch die zeichnerische Darstellung von Betriebsergebnissen unterstützen den Inhalt der Schrift.

Gambrinus, Zeitschrift für die Bau- und Malzindustrie: Ein echtes Betriebshandbuch von einem erfahrenen Praktiker für die Praxis geschrieben.

VERLAG VON OTTO SPAMER IN LEIPZIG C 1

DIE NEUEREN SYNTHETISCHEN VERFAHREN DER FETTINDUSTRIE

Von

Dr. J. Klimont

Professor an der Technischen Hochschule in Wien

Zweite, neubearbeitete und vermehrte Auflage. Mit 43 Figuren im Text
Geheftet RM 5.50 / Gebunden RM 7.50

Chemiker Zeitung: Man empfindet bei genauer Durchsicht des Buches, daß Verfasser die behandelten Probleme schon von ihrer früheren Entwicklung aus selbst verfolgt hat und die vorliegende Darstellung das Produkt langjähriger Beschäftigung mit dem behandelten Gebiete ist. Ebenso wie Benedikt-Ulzers Werk „Untersuchung der Fette und Wachsarten" wird das vorliegende Buch Klimonts sehr bald seinen Platz nicht nur in einer jeden Betriebsstätte der Fettechnik, sondern auch in der Bibliothek eines jeden Technologen finden, der an der Industrie der Fette größeres Interesse nimmt.

HEIZUNGS- UND LÜFTUNGSANLAGEN IN FABRIKEN
mit besonderer Berücksichtigung der Abwärmeverwertung
bei Wärmekraftmaschinen

Von

Ober-Ingenieur Valerius Hüttig

Professor an der Technischen Hochschule zu Dresden

Zweite, erweiterte Auflage
Mit 157 Figuren und 22 Zahlentafeln im Text und auf 6 Tafelbeilagen
Geheftet RM. 20.—, gebunden RM. 23.—

Aus den Besprechungen der ersten Auflage:

v. Boehmer in Zeitschrift des Vereins deutscher Ingenieure: Die reichen praktischen Erfahrungen des Verfassers kommen in allen Teilen des Werkes, besonders aber in der Schilderung und Gegenüberstellung der verschiedenen Heizungsarten, voll zum Ausdruck. Den Wert des in jeder Hinsicht vortrefflich ausgestatteten Buches als Nachschlagewerk erhöhen die beigegebenen Zahlentafeln über gesättigten und überhitzten Wasserdampf, Wärmeleit- und Wärmedurchgangszahlen der Baustoffe, Rohre, Heizkörper, ferner über Widerstandszahlen für die Strömung in Dampf- und Luftleitungen u. a. m. Allen, die sich über den gegenwärtigen Stand und die anzustrebenden Vervollkommnungen der Heizungs- und Lüftungsanlagen in Fabriken unterrichten wollen, kann die Anschaffung des Werkes dringend empfohlen werden.

Annalen für Gewerbe und Bauwesen: Das Buch bietet mehr, als der Titel vermuten läßt. Es behandelt das Gebiet der Heizungs- und Lüftungsanlagen und der ihnen nahe verwandten Einrichtungen zum Trocknen und Entnebeln im weitesten Sinne unter Heranziehung der Wissensgebiete, die mit ihm im Zusammenhang stehen. Als Einleitung wird das Wichtigste aus der allgemeinen Wärmelehre in ausführlicher Darstellung gebracht und im letzten Teil dem gerade für gewerbliche Betriebe mit Rücksicht auf die Betriebswirtschaft hochbedeutsamen Gebiete der Abwärmeverwertung eine eingehende Behandlung gewidmet unter Voranstellung einer die wärmewirtschaftlichen Verhältnisse der Dampfmaschinen aller Art klar beleuchtenden Betrachtung. Das Buch kann ohne Einschränkung warm empfohlen werden.

VERLAG VON OTTO SPAMER IN LEIPZIG C 1

FEUERUNGSTECHNIK

ZEITSCHRIFT FÜR DEN BAU UND BETRIEB FEUERUNGSTECHNISCHER ANLAGEN

Schriftleitung:

Dipl.-Ing. Dr. P. WANGEMANN

Erscheint seit 1912. Monatlich zweimal / Preis vierteljährlich RM 5.—
Nach dem Ausland Zuschlag für Porto usw.

Die „Feuerungstechnik" soll eine Sammelstelle sein für alle technischen und wissenschaftlichen Fragen des Feuerungswesens, also: Brennstoffe (feste, flüssige, gasförmige), ihre Untersuchung und Beurteilung, Beförderung und Lagerung, Statistik, Entgasung, Vergasung, Verbrennung, Beheizung. — Bestimmt ist sie sowohl für den Konstrukteur und Fabrikanten feuerungstechnischer Anlagen als auch für den betriebsführenden Ingenieur, Chemiker und Besitzer solcher Anlagen.

Probenummern kostenlos vom Verlag!

BEITRÄGE ZUR GRAPHISCHEN FEUERUNGSTECHNIK

Von

WA. OSTWALD

(MONOGRAPHIEN ZUR FEUERUNGSTECHNIK Bd. 2)

Mit 39 Figuren im Text und 3 Tafeln
Geheftet RM 3.50, gebunden RM 4.—

Mitteilungen des Instituts für Kohlenvergasung: Eine recht zahlreiche Verbreitung des Buches (dessen Wert noch durch die Beigabe dreier Rechentafeln größeren Formats erhöht wird) möchte Referent aus zwei Gründen wünschen: einmal, weil dadurch jedem gebildeten Betriebsleiter, auch wenn er nicht über besondere Kenntnisse aus der Feuerungstechnik verfügt, die Möglichkeit geboten ist, die Arbeitsweise seiner Feuerung bzw. seiner Verbrennungskraftmaschine wirksam zu kontrollieren, und zweitens, weil bei tieferem Eindringen der von Ostwald entwickelten Ideen in die Kreise der Praktiker zweifellos zahlreiche neue Probleme auftauchen werden, die sich vermittels graphischer Methoden ebenso leicht und elegant lösen lassen, wie dies Ostwald in der vorliegenden Schrift an einzelnen Beispielen dargetan hat.

VERLAG VON OTTO SPAMER IN LEIPZIG C 1

VOM LABORATORIUMSPRAKTIKUM ZUR PRAKTISCHEN WÄRMETECHNIK

Eine Art Lehrbuch
für technisches Experimentieren, Beobachten und Denken
in der Energienutzung

Von

C. BLACHER

Dr. h. c., Ingenieur-Chemiker, ord. Prof. an der lettländischen Universität

Mit 89 Abbildungen im Text und auf 1 Tafel sowie 25 Tabellen

Geheftet RM 17.—; gebunden RM 18.50

Seifensieder-Zeitung: Der Verfasser nennt sein Werk bescheiden eine Art Lehrbuch für technisches Experimentieren, Beobachten und Denken in der Energienutzung. Dem Aufbau und der Behandlung des Stoffes nach ist es mehr; es ist ein Werk zum Nachschlagen und zur Weiterbildung sowohl für den reiferen Studenten als auch für den in der Praxis stehenden Chemiker und Ingenieur, wobei das Erfassen des Wesens der Prozesse und der in ihnen waltenden Naturgesetze den pädagogischen Schwerpunkt bilden sollen. Zum besseren Verständnis sind wertvolle Abbildungen, praktische Daten und Tabellen mit hineingenommen, die den Wert dieses Buches für Hochschule und Betrieb wirksam unterstreichen . . . Die klare und knappe Ausdrucksweise, verbunden mit der Übersichtlichkeit bei der Behandlung dieses interessanten Spezialgebietes, machen das Werk von Blacher zu einem Freund des Betriebsleiters, weswegen es als Nachschlagebuch für die Praxis warm zu empfehlen ist.

DAS WASSER IN DER DAMPF- UND WÄRMETECHNIK

Ein Lehr- und Handbuch für Theorie und Praxis

Von

C. BLACHER

Mit 45 Abbildungen im Text

Geheftet RM 16.50; gebunden RM 18.—

Gesundheits-Ingenieur: Das Buch zeichnet sich durch ebenso gründliche wie klare und übersichtliche Behandlung des Stoffes aus, und sein Gebrauchswert als Handbuch ist dadurch erhöht, daß es alle für die Theorie und die Betriebspraxis der Verwendung des Wassers in der Dampf- und Wärmetechnik wichtigen Konstanten und Tabellen sowie auch sehr vollständige Literaturnachweise enthält, die es dem Benutzer ermöglichen, sich über Sonderfragen weiter zu unterrichten.